大学数学

习题册

（第三版）

四川大学数学学院高等数学教研室　编
参编人员（按姓氏笔画排列）
　　　牛健人　王晓宏　朱　瑞　何志蓉　冷忠建
　　　张　晴　罗　伟　陈　丽　周　杨　周海玲
　　　钮　海　高　波　赖　莉

四川大学出版社
SICHUAN UNIVERSITY PRESS

图书在版编目（CIP）数据

大学数学习题册 / 四川大学数学学院高等数学教研室编 . — 3 版 . — 成都：四川大学出版社，2022.5（2025.7重印）

ISBN 978-7-5690-5438-5

Ⅰ．①大… Ⅱ．①四… Ⅲ．①高等数学－高等学校－习题集 Ⅳ．① O13-44

中国版本图书馆 CIP 数据核字（2022）第 064471 号

书　　名：	大学数学习题册（第三版）
	Daxue Shuxue Xitice(Di-san Ban)
编　　者：	四川大学数学学院高等数学教研室

选题策划：	毕　潜　李思莹
责任编辑：	毕　潜　李思莹
责任校对：	王　睿
装帧设计：	墨创文化
责任印制：	李金兰

出版发行：	四川大学出版社有限责任公司
	地址：成都市一环路南一段 24 号（610065）
	电话：（028）85408311（发行部）、85400276（总编室）
	电子邮箱：scupress@vip.163.com
	网址：https://press.scu.edu.cn
印前制作：	四川胜翔数码印务设计有限公司
印刷装订：	成都市新都华兴印务有限公司

成品尺寸：	185 mm×260 mm
印　　张：	16.5
字　　数：	421 千字

版　　次：	2008 年 10 月 第 1 版
	2022 年 8 月 第 3 版
印　　次：	2025 年 7 月 第 4 次印刷
定　　价：	46.00 元

本社图书如有印装质量问题，请联系发行部调换

版权所有　◆侵权必究

四川大学出版社
微信公众号

目 录

数列的极限 …………………………………………………………………………（ 1 ）
函数的概念和性质 …………………………………………………………………（ 9 ）
函数的极限 …………………………………………………………………………（ 15 ）
函数的连续性 ………………………………………………………………………（ 27 ）
导数概念 ……………………………………………………………………………（ 37 ）
求导法则（1） 导数的四则运算 …………………………………………………（ 41 ）
求导法则（2） 复合函数的导数 …………………………………………………（ 43 ）
高阶导数 ……………………………………………………………………………（ 47 ）
隐函数参数方程求导、相关变化率 ………………………………………………（ 51 ）
函数的微分 …………………………………………………………………………（ 57 ）
单元测验 ……………………………………………………………………………（ 59 ）
中值定理 ……………………………………………………………………………（ 61 ）
洛必达法则 …………………………………………………………………………（ 63 ）
泰勒公式 ……………………………………………………………………………（ 65 ）
导数的应用 …………………………………………………………………………（ 67 ）
单元测验 ……………………………………………………………………………（ 73 ）
不定积分的概念与性质 ……………………………………………………………（ 75 ）
不定积分的换元法和分部积分法 …………………………………………………（ 77 ）
有理函数的积分 ……………………………………………………………………（ 81 ）
单元测验 ……………………………………………………………………………（ 83 ）
定积分的概念与性质 ………………………………………………………………（ 85 ）
微积分基本公式 ……………………………………………………………………（ 93 ）
定积分的换元法和分部积分法 ……………………………………………………（101）
反常积分 ……………………………………………………………………………（111）
定积分的应用 ………………………………………………………………………（115）
微分方程 ……………………………………………………………………………（123）
矢量及其运算 ………………………………………………………………………（131）
平面与直线 …………………………………………………………………………（133）
曲面与曲线 …………………………………………………………………………（137）
多元函数、极限、连续 ……………………………………………………………（139）

偏导数与全微分 …………………………………………………………… (143)
复合函数求导法 …………………………………………………………… (145)
隐函数与反函数求导 ……………………………………………………… (149)
空间曲线的切线及曲面的切平面 ………………………………………… (153)
方向导数、梯度 …………………………………………………………… (155)
多元函数的极值和最值 …………………………………………………… (157)
二重积分的概念与性质 …………………………………………………… (161)
二重积分的计算（1） ……………………………………………………… (163)
二重积分的计算（2） ……………………………………………………… (167)
三重积分的概念及其计算 ………………………………………………… (171)
利用柱面、球面坐标计算三重积分 ……………………………………… (175)
重积分的应用 ……………………………………………………………… (179)
曲线积分 …………………………………………………………………… (185)
对面积的曲面积分 ………………………………………………………… (195)
对坐标的曲面积分 ………………………………………………………… (199)
高斯公式、通量与散度 …………………………………………………… (201)
斯托克公式、环流量和旋度 ……………………………………………… (205)
常数项级数 ………………………………………………………………… (207)
常数项级数的审敛法 ……………………………………………………… (211)
幂级数 ……………………………………………………………………… (215)
傅立叶级数 ………………………………………………………………… (219)
向量与矩阵的运算 ………………………………………………………… (223)
矩阵的运算 ………………………………………………………………… (225)
行列式的定义与性质 ……………………………………………………… (227)
行列式的展开与计算 ……………………………………………………… (229)
可逆矩阵、求逆矩阵 ……………………………………………………… (233)
逆矩阵的求法 ……………………………………………………………… (235)
线性方程组的消元法 ……………………………………………………… (237)
向量组的秩 ………………………………………………………………… (239)
矩阵的秩 …………………………………………………………………… (241)
齐次线性方程组求解 ……………………………………………………… (243)
非齐次线性方程组求解 …………………………………………………… (245)
特征值与特征向量 ………………………………………………………… (247)
矩阵的相似性 ……………………………………………………………… (249)
实对称阵的对角化 ………………………………………………………… (251)
二次型的基本概念 ………………………………………………………… (253)
化二次型为标准形 ………………………………………………………… (255)
正定二次型与正定矩阵 …………………………………………………… (257)

学院_____ 姓名_____ 学号_____ 教师_____

数列的极限

一、什么是无穷数列？这样一个数列收敛的意义是什么？发散的意义呢？举几个例子.

二、什么是子数列？请阐述重要性并举例.

三、什么是非减数列？什么是非增数列？什么是单调数列？在什么情况下这些数列有极限？各举一个例子.

四、下面 1～18 给出了数列第 n 项,哪些收敛?哪些发散?求收敛数列的极限.

1. $a_n = 1 + \dfrac{(-1)^n}{n}$;

2. $a_n = 1 + \dfrac{1-(-1)^n}{\sqrt{n}}$;

3. $a_n = 1 + \dfrac{1-2^n}{2^n}$;

4. $a_n = 1 + (0.9)^n$;

5. $a_n = \sin\dfrac{n\pi}{2}$;

6. $a_n = \sin n\pi$;

7. $a_n = \dfrac{\ln(n^2)}{n}$;

8. $a_n = \dfrac{\ln(2n+1)}{n}$;

9. $a_n = \dfrac{n + \ln n}{n}$;

10. $a_n = \dfrac{\ln(2n^3+1)}{n}$;

11. $a_n = \left(\dfrac{n-5}{n}\right)^n$;

12. $a_n = \left(1+\dfrac{1}{n}\right)^{-n}$;

13. $a_n = \sqrt[n]{\dfrac{3^n}{n}}$;

14. $a_n = \left(\dfrac{3}{n}\right)^{\frac{1}{n}}$;

15. $a_n = n\left(2^{\frac{1}{n}}-1\right)$;

16. $a_n = \sqrt[n]{2n+1}$;

17. $a_n = \dfrac{(n+1)!}{n!}$;

18. $a_n = \dfrac{(-4)^n}{n!}$.

五、若 a 是常数，$\lim\limits_{n\to\infty}\left(1-\dfrac{\cos\dfrac{a}{n}}{n}\right)^n$ 的值是否依赖于 a 的值？如果是，如何依赖？

六、若 a 和 b 是常数，$b\neq 0$，$\lim\limits_{n\to\infty}\left(1-\dfrac{\cos\dfrac{a}{n}}{bn}\right)^n$ 的值是否依赖于 b 的值？如果是，如何依赖？

七、证明：若 $\lim\limits_{n\to\infty}x_n=a$，则 $\lim\limits_{n\to\infty}|x_n|=|a|$.

八、求下列数列的极限.

1. $\lim\limits_{n\to\infty}\dfrac{1000n}{n^2+1}$;

2. $\lim\limits_{n\to\infty}\dfrac{1+a+a^2+\cdots+a^n}{1+b+b^2+\cdots+b^n}$ $(|a|<1,|b|<1)$;

3. $\lim\limits_{n\to\infty}\left[\dfrac{1}{1\cdot 2}+\dfrac{1}{2\cdot 3}+\cdots+\dfrac{1}{n(n+1)}\right]$;

4. $\lim\limits_{n\to\infty}\left[\dfrac{1^2}{n^3}+\dfrac{3^2}{n^3}+\dfrac{5^2}{n^3}+\cdots+\dfrac{(2n-1)^2}{n^3}\right]$；

5. $\lim\limits_{n\to\infty}\dfrac{(-2)^n+3^n}{(-2)^{n+1}+3^{n+1}}$；

6. $\lim\limits_{n\to\infty}\left(\dfrac{1}{2}+\dfrac{3}{2^2}+\dfrac{5}{2^3}+\cdots+\dfrac{2n-1}{2^n}\right)$ （提示：考虑 $2x_n-x_{n-1}$）；

7. $\lim\limits_{n\to\infty}\left(1-\dfrac{1}{2^2}\right)\left(1-\dfrac{1}{3^2}\right)\cdots\left(1-\dfrac{1}{n^2}\right)$.

九、设 $A=\max\{a_1,a_2,\cdots,a_m\}$，且 $a_k>0\ (k=1,2,\cdots,m)$，证明：$\lim\limits_{n\to\infty}\sqrt[n]{a_1^n+a_2^n+\cdots+a_m^n}=A$.

十、利用单调有界性证明下列数列收敛.

1. $x_n=\dfrac{1}{3+1}+\dfrac{1}{3^2+1}+\cdots+\dfrac{1}{3^n+1}$；

2. $x_n = \dfrac{1}{1^2+1} + \dfrac{1}{2^2+1} + \cdots + \dfrac{1}{n^2+1}$;

3. $x_n = \left(1+\dfrac{1}{2}\right)\left(1+\dfrac{1}{4}\right)\cdots\left(1+\dfrac{1}{2^n}\right)$ （提示：利用不等式 $\ln\left(1+\dfrac{1}{n}\right) < \dfrac{1}{n}$）；

4. $x_n = \left(1-\dfrac{1}{2}\right)\left(1-\dfrac{1}{4}\right)\cdots\left(1-\dfrac{1}{2^n}\right)$.

函数的概念和性质

一、写出下列函数的定义域.

1. $y = \dfrac{1}{1-x^2} + \sqrt{x+2}$;

2. $y = \dfrac{1}{x} - \sqrt{1-x^2}$;

3. $y = \dfrac{1}{\sqrt{4-x^2}}$;

4. $y = \dfrac{2x}{x^2-3x+2}$;

5. $y = \arcsin \dfrac{2x}{1+x}$;

6. $y = \sqrt{\arctan \dfrac{1}{1-x^2}}$.

二、设 $\varphi(x) = \begin{cases} |\sin x|, & |x| < \dfrac{\pi}{3}, \\ 0, & |x| \geqslant \dfrac{\pi}{3}, \end{cases}$ 求 $\varphi\left(\dfrac{\pi}{6}\right)$, $\varphi\left(\dfrac{\pi}{4}\right)$, $\varphi\left(-\dfrac{\pi}{4}\right)$, $\varphi(-2)$, 并作出函数 $y = \varphi(x)$ 的图形.

学院_____ 姓名_____ 学号_____ 教师_____

三、判断下列函数的奇偶性.

1. $y = x^3 \cos x$;

2. $y = \dfrac{1}{2}(e^x + e^{-x})$;

3. $y = \ln(x + \sqrt{1+x^2})$.

四、判断下列函数是否是周期函数,若是,求出其周期.

1. $y = \sin \dfrac{x}{3}$;

2. $y = \sin x + \cos x$.

五、判断下列函数的单调性.

1. $y = 2 - 3x$;

2. $y = 3^{-x}$.

六、设 $f(x)$ 为定义在 $(-\infty,+\infty)$ 内的任意函数，证明：$F_1(x)=f(x)+f(-x)$ 为偶函数，$F_2(x)=f(x)-f(-x)$ 为奇函数．

七、求下列函数的反函数，并写出反函数的定义域．
1. $y=x^2, x\leqslant 0$；
2. $y=10^{x+1}$．

八、指出下列各复合函数的复合过程．
1. $y=\sin 3x$；
2. $y=\cos^2(3x+1)$；

3. $y = \ln(1+x^2)$;

4. $y = 2^{\arctan x^2}$.

九、设 $f(\sin x) = 3 - \cos 2x$,求 $f(\cos x)$.

十、设 $f(x) = \dfrac{1}{1+x}$,求 $f(f(x))$.

十一、设 $h = g(f(x))$，其中 $g(x)$ 是奇函数，$h(x)$ 总是奇函数吗？如果 $f(x)$ 是奇函数将会怎样？如果 $f(x)$ 是偶函数又将怎样？对你的回答给出理由．

十二、将半径为 R，中心角为 α 的扇形做成一个无底的圆锥体，试将圆锥体体积 V 表示为 α 的函数．

十三、已知水渠的横断面为等腰梯形，斜角 $\varphi=40°$（如下图），当过水断面 $ABCD$ 的面积为定值 S_0 时，求湿周 L（$L=AB+BC+CD$）与水深 h 之间的函数关系式，并指明其定义域．

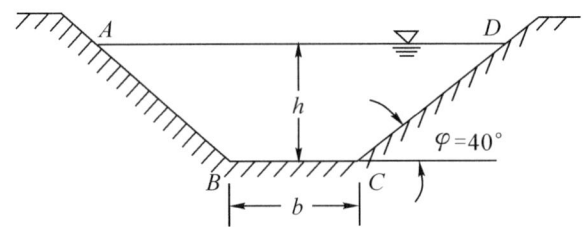

十四、收音机每台售价为 90 元，成本为 60 元，厂方为鼓励销售商大量采购，决定凡是订购量超过 100 台以上的，每多订购 1 台，售价就降低 1 元，但最低价为每台 75 元．
1. 将每台的实际售价 p 表示为订购量 x 的函数；
2. 将厂方所获的利润 q 表示为订购量 x 的函数；
3. 某一销售商订购了 1000 台，厂方可获多少利润？

函数的极限

一、关于下图的函数 $y=f(x)$，下列命题中哪些是对的？哪些是不对的？

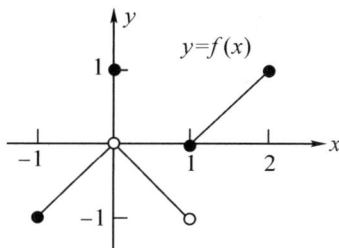

1. $\lim\limits_{x\to 0}f(x)$ 存在；

2. $\lim\limits_{x\to 0}f(x)=0$；

3. $\lim\limits_{x\to 0}f(x)=1$；

4. $\lim\limits_{x\to 2}f(x)=1$；

5. $\lim\limits_{x\to 1}f(x)=0$；

6. 在 $(-1,1)$ 中每一点 x_0 处 $\lim\limits_{x\to x_0}f(x)$ 存在.

二、关于下图的函数 $y=f(x)$，下列命题中哪些是对的？哪些是不对的？

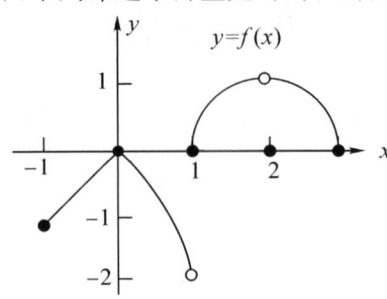

1. $\lim\limits_{x\to 2} f(x)$ 不存在；

2. $\lim\limits_{x\to 2} f(x)=2$；

3. $\lim\limits_{x\to 1} f(x)$ 不存在；

4. 在 $(-1,1)$ 中每一点 x_0 处 $\lim\limits_{x\to x_0} f(x)$ 存在；

5. 在 $(1,3)$ 中每一点 x_0 处 $\lim\limits_{x\to x_0} f(x)$ 存在.

三、设 $f(x)=\begin{cases} 3-x, & x<2, \\ \dfrac{x}{2}+1, & x>2. \end{cases}$

1. 求 $\lim\limits_{x\to 2^+}f(x)$ 和 $\lim\limits_{x\to 2^-}f(x)$;

2. $\lim\limits_{x\to 2}f(x)$ 存在吗？如果存在，极限值等于什么？如果不存在，为什么？

3. 求 $\lim\limits_{x\to 4^-}f(x)$ 和 $\lim\limits_{x\to 4^+}f(x)$;

4. $\lim\limits_{x\to 4}f(x)$ 存在吗？如果存在，极限值等于什么？如果不存在，为什么？

四、设 $f(x)=\begin{cases} 0, & x\leqslant 0, \\ \sin\dfrac{1}{x}, & x>0. \end{cases}$

1. $\lim\limits_{x\to 0^+} f(x)$ 存在吗？如果存在，极限值等于什么？如果不存在，为什么？

2. $\lim\limits_{x\to 0^-} f(x)$ 存在吗？如果存在，极限值等于什么？如果不存在，为什么？

3. $\lim\limits_{x\to 0} f(x)$ 存在吗？如果存在，极限值等于什么？如果不存在，为什么？

五、以下解题方法对不对？为什么？若不对，应如何纠正？

1. $\lim\limits_{x\to+\infty}\dfrac{2x^3+5x^2-1}{5x^3+x^2+2}=\dfrac{\infty}{\infty}=1$;

2. $\lim\limits_{x\to\frac{\pi}{2}}(\tan^2 x-\sec^2 x)=\lim\limits_{x\to\frac{\pi}{2}}\tan^2 x-\lim\limits_{x\to\frac{\pi}{2}}\sec^2 x=\infty-\infty=0.$

六、利用函数极限运算法则求下列函数的极限.

1. $\lim\limits_{x\to\infty}\dfrac{\sin x}{x}$;

2. $\lim\limits_{x\to 1}\dfrac{x^m-1}{x^n-1}$ (m,n 为自然数, $n\neq 0$);

3. $\lim\limits_{x\to 0}\dfrac{(1+x)(1+2x)(1+3x)-1}{x}$;

4. $\lim\limits_{x\to -2}\left(\dfrac{1}{x+2}-\dfrac{12}{x^3+8}\right)$;

5. $\lim\limits_{x\to +\infty}\dfrac{a_0x^m+a_1x^{m-1}+a_2x^{m-2}+\cdots+a_{m-1}x+a_m}{b_0x^n+b_1x^{n-1}+b_2x^{n-2}+\cdots+b_{n-1}x+b_n}$ (m，n 为正整数，$a_0\neq 0$，$b_0\neq 0$)；

6. $\lim\limits_{x\to +\infty}\dfrac{2\sqrt{x}+x^{-1}}{3x-7}$；

7. $\lim\limits_{x\to +\infty}\dfrac{2+\sqrt{x}}{2-\sqrt{x}}$；

8. $\lim\limits_{x\to -\infty}\dfrac{\sqrt[3]{x}-\sqrt[5]{x}}{\sqrt[3]{x}+\sqrt[5]{x}}$；

9. $\lim\limits_{x\to +\infty}\dfrac{2x^{\frac{5}{3}}-x^{\frac{1}{3}}+7}{x^{\frac{8}{5}}+3x+\sqrt{x}}$．

七、利用重要极限结果求下列函数的极限.

1. $\lim\limits_{x\to 0}\dfrac{\sin ax}{\sin bx}(a\neq 0, b\neq 0)$;

2. $\lim\limits_{x\to 0}\dfrac{\tan x-\sin x}{x^3}$;

3. $\lim\limits_{x\to 0}\dfrac{1-\cos x}{x\sin x}$;

4. $\lim\limits_{t\to +\infty}\left(1-\dfrac{1}{t}\right)^{\sqrt{t}}$;

5. $\lim\limits_{x\to\infty}\left(1+\dfrac{2}{x}\right)^x$;

6. $\lim\limits_{x\to\infty}\left(1+\dfrac{1}{x}\right)^{5x}$;

7. $\lim\limits_{x\to\infty}\left(\dfrac{x+a}{x-a}\right)^x$;

8. $\lim\limits_{x\to 0}(2\sin x+\cos x)^{\frac{1}{x}}$.

八、说明下列各无穷小量之间的关系（$x \to 0$）.

1. $\sqrt{x}\sin x$ 与 x（$x \to 0$）；

2. $\sqrt{1+x} - \sqrt{1-x}$ 与 x^2；

3. $\tan x - \sin x$ 与 $\sin x$；

4. $4x^2 + 6x^3 - x^5$ 与 x^2.

九、证明:函数 $y=\dfrac{1}{x}\sin\dfrac{1}{x}$ 在区间 $(0,1]$ 上无界,但该函数不是 $x\to 0^+$ 时的无穷大.

十、当 $x\to 0$ 时,求下列无穷小量的阶数.

1. $e^{x^4-2x^2}-1$；

2. $(1+\tan^2 x)^{\sin x}-1$；

3. $\dfrac{x^8}{1-\sqrt{\cos x^2}}$.

十一、利用等价无穷小的性质求下列极限.

1. $\lim\limits_{x\to 0}\dfrac{e^{x^4}-1}{1-\cos(x\sqrt{1-\cos x})}$;

2. $\lim\limits_{x\to 0}\dfrac{\sin(x^n)}{(\sin x)^m}$ （n,m 为正整数）;

3. $\lim\limits_{x\to 0}\dfrac{\left(\dfrac{1+\cos x}{2}\right)^{2x}-1}{\ln(1+2x^3)}$;

4. $\lim\limits_{x\to 0^+}\dfrac{1-\sqrt{\cos x}}{x(1-\cos\sqrt{x})}$;

5. $\lim\limits_{x\to 0}\dfrac{\sin x-\tan x}{(\sqrt[3]{1+x^2}-1)(\sqrt{1+\sin x}-1)}$;

6. $\lim\limits_{x\to 0}\dfrac{1}{x^3}\left[\left(\dfrac{2+\cos x}{3}\right)^x-1\right]$.

十二、若 $\lim\limits_{x\to\infty}\left(\dfrac{x^2+1}{x+1}-ax-b\right)=0$,求 a,b 的值.

十三、设 $f(x)=\dfrac{ax^2-2}{x^2+1}+3bx+5$,当 $x\to\infty$ 时,a,b 取何值提取 $f(x)$ 为无穷大量? a,b 取何值 $f(x)$ 为无穷小量?

十四、求下列函数的垂直渐近线或水平渐近线.

1. $y=-\dfrac{x^2-4}{x+1}$;

2. $y=\dfrac{x^3-x^2+1}{x^2-1}$;

3. $y = 2\sin x + \dfrac{1}{x}$;

4. $y = \dfrac{x}{1+x^2}$;

5. $y = e^{-(x-1)^2}$;

6. $y = 1 + \dfrac{36x}{(x+3)^2}$.

函数的连续性

一、在下图(1)~(4)中,说明在$[-1,3]$上图示的函数是否是连续的,如果不是,何处不连续以及为什么?

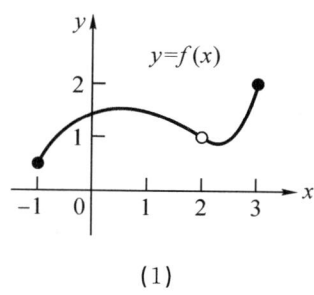

(1)

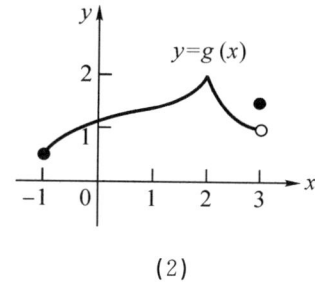

(2)

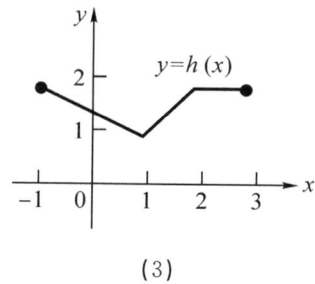

(3)

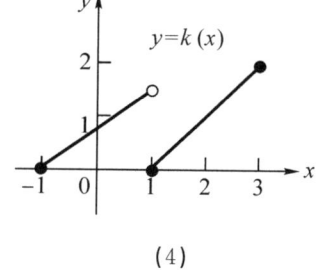

(4)

二、设函数

$$f(x) = \begin{cases} x^2 - 1, & -1 \leqslant x < 0, \\ 2x, & 0 < x < 1, \\ 1, & x = 1, \\ -2x + 4, & 1 < x < 2, \\ 0, & 2 < x < 3. \end{cases}$$

请绘出该函数的图象,并依据函数图象回答下面 1~13 问题.

1. $f(-1)$ 是否存在?

2. $\lim\limits_{x \to -1^+} f(x)$ 是否存在?

3. 是否 $\lim\limits_{x \to -1^+} f(x) = f(-1)$?

4. $f(x)$ 是否在 $x = -1$ 处连续?

5. $f(1)$ 是否存在?

6. $\lim\limits_{x \to 1} f(x)$ 是否存在?

7. 是否 $\lim\limits_{x\to 1}f(x)=f(1)$?

8. $f(x)$ 是否在 $x=1$ 处连续?

9. $f(x)$ 在 $x=2$ 处有定义吗?

10. $f(x)$ 是否在 $x=2$ 处连续?

11. 在什么点处 $f(x)$ 是连续的?

12. 在 $x=2$ 处定义 $f(2)$ 为何值时使 $f(x)$ 在 $x=2$ 处连续?

13. $f(1)$ 取什么新值就能避免间断?

三、若 $f_1(x)=\begin{cases}\left|\dfrac{\sin x}{x}\right|, & x\neq 0,\\ 1, & x=0,\end{cases}$ $f_2(x)=\begin{cases}\dfrac{\sin x}{|x|}, & x\neq 0,\\ 1, & x=0,\end{cases}$ 问 $f_1(x),f_2(x)$ 在 $x=0$ 处是否连续？

四、$f(x)=\begin{cases}\mathrm{e}^x, & 0\leqslant x\leqslant 1,\\ a+x, & 1<x\leqslant 2,\end{cases}$ 式中 a 为何值时函数连续？

五、求下列函数的间断点,并指出间断点的类别.

1. $f(x) = \dfrac{x-1}{|x-1|}$；

2. $f(x) = \dfrac{\tan x}{1+x^2}$；

3. $f(x) = \lim\limits_{n\to\infty} \dfrac{nx}{nx^2+1} \ (-1 \leqslant x \leqslant 1)$；

4. $f(x) = \dfrac{\dfrac{1}{x} - \dfrac{1}{x+1}}{\dfrac{1}{x-1} - \dfrac{1}{x}}$;

5. $f(x) = \begin{cases} 0, & x < 0, \\ x, & 0 \leqslant x < 1, \\ -x^2 + 4x - 2, & 1 \leqslant x < 3, \\ 4x, & x \geqslant 3; \end{cases}$

6. $f(x) = (1+x)\arctan\dfrac{1}{1-x^2}$;

7. $f(x)=\begin{cases} e^{\frac{1}{x-1}}, & x>0, \\ \ln(1+x), & -1<x\leqslant 0; \end{cases}$

8. $y=(1+x)^{\tan\left(x-\frac{\pi}{4}\right)}, x\in(0,2\pi)$.

六、证明:若函数 $f(x)$ 在区间 (a,b) 内连续,又 $a<x_1<x_2<\cdots<x_n<b$,则必有 $\xi\in[x_1,x_n]$,使得 $f(\xi)=\dfrac{f(x_1)+f(x_2)+\cdots+f(x_n)}{n}$.

七、设 $f(x)$ 在 $[a,b]$ 上连续,且 $f(a)<a$,$f(b)>b$,试证:在 (a,b) 内至少有一点 C,使得 $f(C)=C$.

八、试证:方程 $x = a\sin x + b$ ($a>0, b>0$) 至少有一个不超过 $a+b$ 的正根.

导数概念

一、设 $f(x) = \dfrac{1}{x}$,试按定义求 $f'(a)(a \neq 0)$.

二、证明：$(\cos x)' = -\sin x$.

三、设 $f'(x_0)$ 存在,则：

1. $\lim\limits_{h \to 0} \dfrac{f(x_0 - h) - f(x_0)}{h} = $ _____ ;

2. $\lim\limits_{h \to 0} \dfrac{f(x_0 + h) - f(x_0 - h)}{h} = $ _____ ;

3. $\lim\limits_{h \to 0} \dfrac{f(x_0 + ah) - f(x_0 + bh)}{h} = $ _____ .

四、设 $f'(0)$ 存在,则：

1. $\lim\limits_{x \to 0} \dfrac{f(x) - f(0)}{x} = $ _____ ;

2. 若 $f(0) = 0$,则 $f'(0) = \lim\limits_{x \to 0}$ _____ .

五、1. 已知 $f(x)$ 在点 x_0 处可导,且 $\lim\limits_{h\to 0}\dfrac{h}{f(x_0-2h)-f(x_0)}=4$,求 $f'(x_0)$.

2. 已知 $f(x)$ 在 $x=0$ 处可导,$f(0)=0$,且 $\lim\limits_{x\to 0}\dfrac{f(\tan x-\sin x)}{x^3}=4$,求 $f'(0)$.

六、讨论下列函数在 $x=0$ 处的连续性与可导性.

1. $f(x)=|\sin x|$;

2. $f(x)=\begin{cases}\ln(1+x),&x>0,\\ \sin x,&x\leqslant 0.\end{cases}$

七、讨论 α 取何值时,函数 $f(x)=\begin{cases}x^{\alpha}\sin\dfrac{1}{x}, & x\neq 0,\\ 0, & x=0\end{cases}$ 在 $x=0$ 处 ①连续;②可导.

八、设 $f(x)=(x-a)\varphi(x)$,其中 $\varphi(x)$ 在 $x=a$ 处连续,求 $f'(a)$.

九、设 $f(x)=(x-1)(x-2)\cdots(x-10)$,求 $f'(10)$.

十、已知 $f(x)=\begin{cases}\sin x, & x\leqslant 0,\\ x, & x>0,\end{cases}$ 求 $f'(x)$.

十一、求曲线 $y=\ln x$ 在点 $(e,1)$ 处的切线方程和法线方程.

十二、求曲线 $y=e^x$ 经过原点的切线方程和对应的法线方程.

十三、设 $f(x)$ 为偶函数，$f'(0)$ 存在，证明：$f'(0)=0$，并用函数图形解释其几何意义.

求导法则(1)　导数的四则运算

一、求下列函数的导数.

1. $y = x^a + a^x + ax^2$, a 为常数, $a > 0$;

2. $y = 3\sin x - 4\cos x + \sin 1$;

3. $y = \ln x - 2\lg x + 5\log_2 x$;

4. $y = (\sqrt{x} + 1)(\dfrac{1}{\sqrt{x}} - 1)$;

求导法则(1) 导数的四则运算

学院_____ 姓名_____ 学号_____ 教师_____

5. $y = \dfrac{x\ln x}{1+x^2}$;

6. $y = x^2 \ln x \cdot \cos x$;

7. $y = x^2 \arctan x$;

8. $y = \dfrac{\arcsin x}{x}$.

二、已知 $f(x)$ 的导函数为 $\dfrac{e^x}{1+x^2}$，且 $f(1) = 2$. 设 $y = \dfrac{f^{-1}(x)}{1+x^2}$，求 $\dfrac{dy}{dx}\bigg|_{x=2}$.

求导法则(2) 复合函数的导数

一、求下列函数的导数.

1. $y = (3x+6)^5$;

2. $y = \sin^3(2x)$;

3. $y = \sqrt{a^2 - x^2}$;

4. $y = \ln(x + \sqrt{a^2 + x^2})$;

5. $y = \arctan(x^3)$;

6. $y = e^{-\cos^2 \frac{1}{x}}$.

二、设函数可导,证明:

1. 偶函数的导数是奇函数;

2. 奇函数的导数是偶函数;

3. 周期函数的导数是周期函数.

三、设 $f(x)$ 可导,求下列函数的导数.

1. $y = f(e^{-x^2})$;

2. $y = f(\arcsin \dfrac{1}{x})$.

四、求下列函数的导数.

1. $y = \sqrt{x + \sqrt{x}}$；

2. $y = \arcsin(1 - 2x)$；

3. $y = \dfrac{1 + \sin 2x}{1 - \sin 2x}$；

4. $y = \ln(\sec x + \tan x)$.

五、设 $g(x) = f(b + mx) + f(b - mx)$，其中 f 可导，求 $g'(0)$.

六、求 $y = \tan(\dfrac{\pi x^2}{4})$ 在点 $(1,1)$ 处的切线方程.

七、求 $y = \dfrac{1}{x}$ 的经过点 $(2,0)$ 的切线方程.

八、$y = f(x)$ 的反函数为 $y = g(x)$,$f(1) = 2$,$f'(1) = 4$,求 $y = g(1 + x^2)$ 在 $x = 1$ 处的导数.

高阶导数

一、求下列函数的二阶导数.

1. $y = x\ln x$；

2. $y = (1+x^2)\arctan x$；

3. $y = x[\sin(\ln x) + \cos(\ln x)]$；

4. $y = x^x$.

二、求下列函数的 n 阶导数.

1. $y = x^n + a_1 x^{n-1} + a_2 x^{n-2} + \cdots + a_{n-1} x + a_n$；

2. $y = \sin(ax+b)$;

3. $y = \dfrac{1}{ax+b}$;

4. $y = \dfrac{1-x}{1+x}$.

三、设 $f(x)$ 二阶可导,求下列函数的二阶导数 y''.

1. $y = f(\sin x)$;
2. $y = e^{f(x)}$.

四、求函数 $y = x^3 e^x$ 的 15 阶导数.

五、已知 $f(x) = \begin{cases} \dfrac{1-\cos x}{x}, & x \neq 0, \\ a, & x = 0 \end{cases}$ 在 $x=0$ 处连续,求 a,并问此时 $f(x)$ 在 $x=0$ 处是否可导?求出导函数 $f'(x)$.

六、试从公式 $\dfrac{\mathrm{d}x}{\mathrm{d}y}=\dfrac{1}{y'}$ 导出下列反函数的高阶导数公式.

1. $\dfrac{\mathrm{d}^2 x}{\mathrm{d}y^2}=-\dfrac{y''}{(y')^3}$；

2. $\dfrac{\mathrm{d}^3 x}{\mathrm{d}y^3}=\dfrac{3(y'')^2-y'y'''}{(y')^5}$.

隐函数参数方程求导、相关变化率

一、求下列方程所确定的隐函数 $y = y(x)$ 的导数 $\dfrac{dy}{dx}$.

1. $x^3 + y^3 = 6xy$；　　　　2. $\sin(x+y) = y^2 \cos x$；　　　　3. $\ln(x^2 + y^2) = \arctan \dfrac{y}{x}$.

二、求曲线 $y^2 = 5x^4 - x^2$ 在点 $(1, 2)$ 处的切线方程和法线方程.

三、证明：曲线 $\sqrt{x} + \sqrt{y} = \sqrt{a}$ 上任意点处的切线在两坐标轴上的截距之和恒为 a.

四、设函数 $y = y(x)$ 满足方程 $e^{xy} + \sin(x^2 y) = y$，试求 $y'(0)$.

五、求下列函数的导数.

1. $y = x^{\sqrt{x}}$；

2. $y = (\ln x)^x$；

3. $y = \sqrt{\dfrac{x^3(x^2+1)^{\ln x}}{e^x(x+1)^{x^2}}}$；

4. $y = \sqrt[3]{\dfrac{x(x^2+1)}{(x-1)^2}}$.

学院_____ 姓名_____ 学号_____ 教师_____

六、设 $x^y = y^x + x^2$，求 $\dfrac{\mathrm{d}y}{\mathrm{d}x}$.

七、求下列隐函数的一阶导数 $\dfrac{\mathrm{d}y}{\mathrm{d}x}$ 和二阶导数 $\dfrac{\mathrm{d}^2 y}{\mathrm{d}x^2}$.

1. $x^4 + y^4 = 16$；

2. $\mathrm{e}^y = xy + 3$；

3. $y = \tan(x+y) - 1$；

4. $y = \mathrm{e}^{y^2} + x$.

八、已知 $f(x)$ 为二阶可导的单值函数，$f(1)=0, f'(1)=5, f''(1)=7$. $y=y(x)$ 满足方程：$f(x+y)=xy+x$，求 $\dfrac{dy}{dx}\bigg|_{x=0}, \dfrac{d^2y}{dx^2}\bigg|_{x=0}$.

九、求下列参数方程所确定的函数 $y=y(x)$ 的导数 $\dfrac{dy}{dx}$.

1. $x=t^3+3t+1, y=3t^5+5t^3+1$；

2. $x=e^{-t}\sin t, y=e^t\cos t$；

3. $x=\arcsin\dfrac{t}{\sqrt{1+t^2}}, y=\arccos\dfrac{1}{\sqrt{1+t^2}}$.

十、求 $x=\dfrac{3at}{1+t^2}, y=\dfrac{3at^2}{1+t^2}$ 在 $t=2$ 处的切线方程和法线方程.

十一、设 $x = at^3, y = bt^2, a \neq 0$，求 $\dfrac{dy}{dx}, \dfrac{d^2 y}{dx^2}$.

十二、设 $\begin{cases} x = \ln(1+t), \\ y = \arctan t, \end{cases}$ 求 $\left.\dfrac{d^2 y}{dx^2}\right|_{t=0}$.

十三、设 $\begin{cases} x = \ln(1+t^2), \\ y = t - \arctan t, \end{cases}$ 求 $\dfrac{d^3 y}{dx^3}$.

十四、设 $y=y(x)$ 是由方程 $\begin{cases} x = 3t^2+2t+3, \\ e^y \sin t - y + 1 = 0 \end{cases}$ 所确定的隐函数，求 $\left.\dfrac{dy}{dx}\right|_{t=0}$ 和 $\left.\dfrac{d^2 y}{dx^2}\right|_{t=0}$.

十五、一个球形雪球的体积以 $1\,\text{cm}^3/\text{min}$ 的速度减少，求直径为 $10\,\text{cm}$ 时，雪球直径的减少速度.

十六、将水注入深 $8\,\text{m}$，上顶直径为 $8\,\text{m}$ 的正圆锥形容器中，注水速度为 $4\,\text{m}^3/\text{min}$，当水深为 $5\,\text{m}$ 时，其表面上升的速度为多少？表面上升的加速度又为多少？

函数的微分

一、填空题.

1. $\dfrac{1}{1+4x^2}\mathrm{d}x = \dfrac{1}{2}\dfrac{1}{1+(2x)^2}\mathrm{d}\underline{\qquad} = \dfrac{1}{2}\mathrm{d}\underline{\qquad} = \mathrm{d}\underline{\qquad}$；

2. $\dfrac{1}{\sqrt{1+2x}}\mathrm{d}x = \dfrac{1}{2}\dfrac{1}{\sqrt{1+2x}}\mathrm{d}\underline{\qquad} = \mathrm{d}\underline{\qquad}$；

3. $\dfrac{f'(\arctan x)}{1+x^2}\mathrm{d}x = f'(\arctan x)\mathrm{d}\underline{\qquad} = \mathrm{d}\underline{\qquad}$；

4. $\mathrm{d}2^{\arctan^3 x} = 2^{\arctan^3 x}\ln 2\,\mathrm{d}\underline{\qquad}$.

二、计算微分.

1. $\mathrm{d}(x^2\ln x + \arcsin 2x)$；　　2. $\mathrm{d}(\arctan\mathrm{e}^{\sqrt{x}})$；　　3. $\mathrm{d}\left(\dfrac{2^x}{x^2+1}\right)$；

4. $u = u(x), v = v(x)$ 为可导函数，求 $y = \arctan\dfrac{u}{v}$ 的微分.

三、求隐函数或参数方程决定函数的导数.

1. $y = y(x)$ 由方程 $x^2 y + e^y = \ln x$ 决定，求 $\dfrac{dy}{dx}$；

2. $y = y(x)$ 由参数方程 $\begin{cases} x = e^{2t} - 2e^t + 3, \\ y = 3e^{4t} - 4e^{3t} + 7 \end{cases}$ 确定，求 $\dfrac{dy}{dx}, \dfrac{d^2 y}{dx^2}$.

四、求 arctan1.05 的近似值.

五、利用微分的近似公式证明：$(1+x)^\alpha \approx 1 + \alpha x$，当 $|x|$ 充分小时. 并由此求 $\sqrt[3]{8012}$ 的近似值.

单元测验

一、填空题(每小题 3 分,共 15 分).

1. 曲线 $y = x + \arctan x$ 上平行于 $y = \frac{3}{2}x + 1$ 的切线方程为_____.

2. $y = A\arctan x + \frac{1}{x}$ 的导数 $y' < 0$,则 A 的取值范围为_____.

3. 由 $\begin{cases} x = 1 - t^3 \\ y = t^4 \end{cases}$,确定的函数 $y = y(x)$ 在 x 的区间_____上有 $\frac{dy}{dx} > 0$.

4. 椭圆 $4x^2 + 3y^2 = 16$ 在点 $(-1, 2)$ 处与切线垂直且方向向外的单位向量坐标为_____.

5. $f(x) = (x^2 - 1)^n \arctan x$ 在 $x = 1$ 处 n 阶导数 $f^{(n)}(1) =$ _____.

二、选择题(每小题 3 分,共 15 分).

1. $y = f(x)$ 在 $(x_0, f(x_0))$ 处切线存在是 $y = f(x)$ 在 x_0 处可导的(　　)条件.

   A. 充分　　　　B. 必要　　　　C. 充要　　　　D. 既不充分也不必要

2. 下面(　　)存在是 $f'(x_0)$ 存在的充要条件.

   A. $\lim\limits_{x \to 0} \dfrac{f(x_0 + x^2) - f(x_0)}{x^2}$　　　　B. $\lim\limits_{x \to 0} \dfrac{f(x_0 + x) - f(x_0 - x)}{x}$

   C. $\lim\limits_{x \to 0} \dfrac{f(x_0 + \sin x) - f(x_0)}{\ln(1 + x)}$　　　　D. $\lim\limits_{n \to \infty} \dfrac{f(x_0 + \frac{1}{n}) - f(x_0)}{\frac{1}{n}}$ (n 是自然数)

3. $y = f(u), u = g(x), u_0 = g(x_0), f(u)$ 在 u_0 可导且 $g(x)$ 在 x_0 处可导是复合函数 $y = f(g(x))$ 在 x_0 处可导的(　　)条件.

   A. 充分　　　　B. 必要　　　　C. 充要　　　　D. 既不充分也不必要

4. $f''(x_0)$ 存在且不为 0,则(　　).

   A. $f'(x)$ 未必在 x_0 处连续

   B. $f(x)$ 必在 x_0 的某邻域内可导

   C. $f''(x)$ 在 x_0 处必连续

   D. $y = f(x_0 + |x|)$ 在 $x = 0$ 处也能二阶可导

5. $y = x^{x^2}$,则 $y' = ($　　$)$.

   A. x^{x^2+1}　　　　B. $x^{x^2} \ln x$　　　　C. $x^{x^2+1} + x^{x^2} \ln x$　　　　D. $2x^{x^2+1} \ln x + x^{x^2+1}$

三、计算下列各题(每小题 8 分,共 32 分).

1. $y = \sqrt[3]{\dfrac{x^2(1-x)^5}{e^{x^2}(x-2)}}$,求 y'.

2. $y = (x^2 - 1)\arctan x$,求 $y^{(n)}(0)$.

3. 已知 $f(t)$ 二阶可导且 $f'(t) \neq 0$,参数方程 $\begin{cases} x = f(t), \\ y = tf(t), \end{cases}$ 求 $\dfrac{d^2 y}{dx^2}$.

4. $y = y(x)$ 由方程 $xy^3 + e^x = y$ 决定.

(1) 求 $x = 0$ 对应点处的切线、法线方程.

(2) 求 $\dfrac{d^2 y}{dx^2}\bigg|_{x=0}$.

四、解答题(每小题 10 分,共 30 分).

1. $f(x)$ 在 $x = 0$ 处可导且 $f'(0) = \ln 2$,且对任意的 $x, y \in \mathbf{R}$ 有 $f(x+y) = f(x)f(y)$,求 $f(x)$.

2. 分别作出一个函数 $f(x), g(x)$ 满足:$f(x), g(x)$ 定义域为实数集 $\mathbf{R}$,$f(x)$ 在任意点不可导,$g(x)$ 只在一点可导,但 $f(g(x))$ 在 $\mathbf{R}$ 上均可导.

3. 已知 $f(x)$ 在 $x = 0, x = 2$ 处均可导,且 $f(0) = 1, f(2) = 3, f'(0) = 1, f'(2) = 3$,求

$$\lim_{x \to 0} \frac{\ln \dfrac{3f(x)}{f(2+x)}}{x}.$$

五、应用题(8 分).

甲、乙两人从同点分别朝东、北两方向跑去,甲每分钟跑 $\dfrac{400}{3}$ 米,乙的路程 y 与时间 t 关系为 $y = 100t(4-t)$,求他们跑出 3 分钟时距离的变化率.

中值定理

一、证明：$\dfrac{a^{\frac{1}{n+1}}}{(n+1)^2} < \dfrac{a^{\frac{1}{n}} - a^{\frac{1}{n+1}}}{\ln a} < \dfrac{a^{\frac{1}{n}}}{n^2}$，其中 $a > 1, n \geq 1$.

二、对 $f(x) = x^3$ 在 $[-2, 3]$ 上求出满足拉格朗日中值定理的 ξ.

三、$f(x)$ 在 $\left[0, \dfrac{\pi}{2}\right]$ 上可导，则 $\left(0, \dfrac{\pi}{2}\right)$ 内至少存在一点 ξ，使 $f'(\xi)\sin 2\xi + 2f(\xi)\cos 2\xi = 0$.

四、$f(x)$ 可导，$1 < f(x) < 4, f'(x) \neq 2x$，则方程 $f(x) = x^2$ 在 $(1, 2)$ 内有且仅有一根.

五、$f(x)$ 为可导函数，$f(0)=1$，$f'(x)=2f(x)$，证明：$f(x)=e^{2x}$.

六、$f(x)$ 二阶可导，$F(x)=(x-a)^2 f(x)$，$f(b)=0$，证明：存在 $\xi \in (a,b)$，使 $F''(\xi)=0$.

七、$f(x)$ 可导函数，求证：存在 $\xi \in (0,1)$，使 $f'(\xi)f(1-\xi^2)=2\xi f(\xi)f'(1-\xi^2)$.

洛必达法则

一、求下列各极限.

1. $\lim\limits_{x\to 0}\dfrac{x-\ln(1+x)}{e^x-x-1}$;

2. $\lim\limits_{x\to 0}x^2 e^{\frac{1}{x^2}}$;

3. $\lim\limits_{x\to 1}\left(\dfrac{1}{\ln x}+\dfrac{1}{1-x}\right)$;

4. $\lim\limits_{x\to +\infty}\left(\dfrac{\pi}{2}-\arctan x\right)^{\frac{1}{\ln x}}$;

5. $\lim\limits_{x\to 0}\left[\dfrac{(1+x)^{\frac{1}{x}}}{e}\right]^{\frac{1}{x}}$;

6. $\lim\limits_{x\to 0}\left(\dfrac{a_1^x+a_2^x+\cdots+a_n^x}{n}\right)^{\frac{1}{x}}\ (a_i>0, i=1,2,\cdots,n)$.

洛必达法则

二、$f(x) = \begin{cases} \dfrac{e^x - 1}{x}, & x \neq 0, \\ 1, & x = 0, \end{cases}$ 求 $f'(0), f''(0)$.

三、已知 $\lim\limits_{x \to 1} \dfrac{2\ln x - ax + 2}{1 + \cos(\pi x)} = b$，求 a, b.

四、$f(x) = \begin{cases} \dfrac{e^x - \cos x}{x}, & x > 0, \\ ax^2 + bx + c, & x \leq 0 \end{cases}$ 在 $x = 0$ 处二阶可导.

1. 求 a, b, c 的值；
2. 求 $f''(x)$.

附加题：已知 $f(x) = \lim\limits_{n \to \infty}(1 + e^{nx})^{\frac{\sin x}{n}}$.

1. 问 $f(x)$ 在 $x = 0$ 处是否可导？
2. 求 $\lim\limits_{x \to 0} \dfrac{f(x) - x^2 - 1}{e^x - e^{-x} - 2x}$.

泰勒公式

一、$f(x) = x\arctan x$ 在 $x_0 = 1$ 处展开为二阶 Taylor 公式.

二、$f(x) = x^4 - 5x^3 + 5x^2 + x + 2$ 展开为 $x-1$ 的多项式.

三、求 $x \to 0$ 时,无穷小量 $e^x - 1 - x + x\sin x$ 关于 x 的阶.

四、求 a, b,使 $x \to 0$ 时 $f(x) = \sin 2x + ax + bx^3$ 为 x 的尽可能高阶无穷小,并求此时的阶.

五、求 $\lim\limits_{x\to 0}\dfrac{\sin x^2+2\cos x-2}{x^4}$.

六、已知 $0<x<\dfrac{1}{2}$，证明：$e^x\approx 1+x+\dfrac{x^2}{2}+\dfrac{x^3}{6}$ 的绝对误差不超过 0.01，并求 $\sqrt{e}$ 的误差不超过 0.01 的近似值.

附加题：1. $f(x)$ 在区间 $[a,b]$ 有二阶导数，且 $f'(a)=f'(b)=0$. 试证明：(a,b) 内至少有一点 ξ，使得 $|f''(\xi)|\geqslant\dfrac{4}{(b-a)^2}|f(b)-f(a)|$；

2. $f(x)$ 在 $x_0=0$ 处二阶可导，$\lim\limits_{x\to 0}\dfrac{f(x)+2}{x^2}=3$，求 $f(0),f'(0),f''(0)$.

导数的应用

一、确定下列函数的单调区间、极值以及曲线的凹凸区间和拐点.

1. $y = \dfrac{1}{1+x^2}$;

2. $y = x\mathrm{e}^{-x}$;

3. $y = (x-1)^3 x^2 + 4$;

4. $y = \sqrt[3]{x-1}(x-1)^2$.

二、求下列函数曲线的渐近线.

1. $y = \dfrac{\mathrm{e}^{\frac{1}{x}}}{x-1}$;

2. $y = \dfrac{x^3}{(x-1)(2-x)}$.

三、1. 作出函数 $y = \dfrac{x^3 - 2}{2(x-1)^2}$ 的曲线；

2. 作出 $y = \dfrac{1}{x} + 4x$ 的图形.

四、求 $x^{\frac{2}{3}} + y^{\frac{2}{3}} = a^{\frac{2}{3}}$ 上任意点处的曲率.

五、证明下列不等式.

1. $\dfrac{1-x}{1+x} < e^{-2x}$ $(0<x<1)$;

2. $\sin x + \cos x > 1 + x - x^2$ $(x>0)$;

3. $\sin x > x - \dfrac{x^3}{6}$ $(x>0)$;

4. 设 $0<a<b$,则 $\dfrac{2a}{a^2+b^2} < \dfrac{\ln b - \ln a}{b-a} < \dfrac{1}{\sqrt{ab}}$.

六、证明:$f(x)$ 在 $[0,c]$ 有严格单调递减的导函数 $f'(x)$,$f(0)=0$,则 $0<a<b<a+b<c$ 有 $f(a+b) < f(a) + f(b)$.

七、讨论方程 $\ln x = ax(a>0)$ 有几个实根.

八、$x>0$ 时方程 $ax+\dfrac{1}{x^2}=1$ 有且仅有一个根,求 a 的取值范围.

九、求 $y=\dfrac{x-1}{x+4}$ 在 $[0,4]$ 上的最大值和最小值.

十、$y = mt^2 + \dfrac{1}{t}$ 在 $t \in [1,4]$ 上满足 $y \leqslant 100$，求 m 的取值范围.

十一、已知 $0 \leqslant x \leqslant 1, p > 1$，证明：$2^{1-p} \leqslant x^p + (1-x)^p \leqslant 1.$

十二、求 $f(x) = \dfrac{x+2}{2x^2+3x+6}$ 的最大值和最小值.

十三、已知 $t, m > 0$, $\dfrac{1}{t} + \dfrac{1}{m} = 1$. 求证: $t^{\frac{1}{t}} \cdot m^{\frac{1}{m}} \leqslant 2$.

附加题:设 $f(x)$ 在 $[0,1]$ 上连续,在 $(0,1)$ 内可导,且 $f(0)=0, f(1)=1$. 证明:对任意给定的正数 a 和 b, 在 $(0,1)$ 内存在不同的 ξ 和 η, 使 $\dfrac{a}{f'(\xi)} + \dfrac{b}{f'(\eta)} = a + b$.

单元测验

一、填空题(每小题 3 分,共 12 分).

1. $y = f(x)$ 的驻点是极值点的_____条件.

2. $f(x) = x^3$ 在 $[1,2]$ 上满足拉格朗日中值定理条件的 $\xi = $ _____.

3. $x = \dfrac{\pi}{9}$ 为 $f(x) = a\cos 3x + 4\sin 3x$ 的极值点,则它为极_____点.

4. $\dfrac{f'(\arctan 2x)}{1 + 4x^2}\mathrm{d}x = \mathrm{d}$ _____.

二、选择题(每小题 3 分,共 15 分).

1. $f(x) = x^2 + 2\ln x$ 上的凸曲线所对应的区间为( ).

A. $(1, +\infty)$
B. $(-\infty, -1), (1, +\infty)$
C. $(-1, 1)$
D. $(0, 1)$

2. $y = y(x)$ 由方程 $\begin{cases} x = 4 - t^3 - 3t, \\ y = 2t^3 - 3t^2 + 7 \end{cases}$ 决定,则 $y = y(x)$ ( ).

A. 在 $[-\infty, 0]$ 和 $[1, +\infty]$ 上单减
B. 在 $[-\infty, 0]$ 和 $[1, +\infty]$ 上单增
C. 在 $[-\infty, 0]$ 和 $[4, +\infty]$ 上单减
D. 在 $[-\infty, 0]$ 和 $[4, +\infty]$ 上单增

3. $f(x) = \dfrac{x^3}{(x-1)(x-2)}$ 有( )条渐近线.

A. 2 B. 3 C. 4 D. 5

4. $y = f(x)$ 满足 $xf''(x) + 3x[f'(x)]^2 = 1 - e^{-x}$,若 $f'(x_0) = 0 (x_0 \neq 0)$,则( )成立.

A. $f(x_0)$ 是 $f(x)$ 极大值
B. $f(x_0)$ 是 $f(x)$ 极小值
C. $(x_0, f(x_0))$ 是 $y = f(x)$ 曲线的拐点
D. $f(x_0)$ 不是 $f(x)$ 极大值,$(x_0, f(x_0))$ 也不是曲线 $y = f(x)$ 的拐点

5. 在 $(-\infty, +\infty)$ 内方程 $|x|^{\frac{1}{4}} + |x|^{\frac{1}{2}} - \cos x = 0$ ( ).

A. 无实根
B. 有且仅有一个实根
C. 有且仅有两个实根
D. 有无穷多个实根

三、计算下列各题(每小题 8 分,共 16 分).

1. $\lim\limits_{x \to 1} \dfrac{x - x^x}{1 - x + \ln x}$;

2. $\lim\limits_{x \to \infty} (\sin \dfrac{1}{x} + \cos \dfrac{1}{x})^x$.

四、(13分) 设 $f(x) = \begin{cases} \dfrac{e^{-\frac{x^2}{2}} - \cos x}{x}, & x \neq 0, \\ a, & x = 0. \end{cases}$

1. 求 a 为何值时, $f(x)$ 在 $x = 0$ 处连续;
2. 求 $f'(x)$;
3. $f'(x)$ 在 $x = 0$ 处是否连续?

五、(11分) $f(x) = e^x$, $\dfrac{f(x) - f(0)}{x - 0} = f'(\theta x)$ 中 θ 为介于 0 到 1 之间的实数, $f(x)$ 在 $[0, x]$ 上满足拉格朗日中值定理, 求 $\lim\limits_{x \to 0^+} \theta$.

六、(11分) $f(x)$ 在 $[0,1]$ 上二阶可导, $f(0) = 0$, 且 $\dfrac{f''(x)}{f'(x)} \neq \dfrac{2}{1-x}$. 试证明: 方程 $\dfrac{f(x)}{f'(x)} = 1 - x$ 在 $(0,1)$ 内有且仅有一个根.

七、(11分) 设 $f(0) = 0$, $f'(0) = 1$ 且 $f'(x)$ 在 $[0, +\infty)$ 内单增. 试证明: $g(x) = \dfrac{f(x)}{x}$ 在 $(0, +\infty)$ 内单调增加, 且 $f(x) > x$.

八、(11分) 求 $y = \dfrac{1}{x^2}$ $(x > 0)$ 上一点切线与两坐标轴围成的三角形的最大面积.

不定积分的概念与性质

一、选择题.

1. 下列函数中,不是 $f(x)=4\sin x\cos x$ 的原函数的是(   ).

A. $\sin 2x$　　　　　B. $-\cos 2x$　　　　　C. $2\sin^2 x$　　　　　D. $-2\cos^2 x$

2. 设 $f(x)$ 为可导函数,$F'(x)=f(x)$,且 $f(0)=1$,又 $F(x)=xf(x)+x^2$,则 $f(x)=$(   ).

A. $-2x-1$　　　　　B. $-x^2+1$　　　　　C. $-2x+1$　　　　　D. $-x^2-1$

3. 下列各式中(   )是 $f(x)=\sin|x|$ 的原函数.

A. $y=-\cos|x|$

B. $y=-|\cos x|$

C. $y=\begin{cases}-\cos x, & x\geqslant 0,\\ \cos x-2, & x<0\end{cases}$

D. $y=\begin{cases}-\cos x+C_1, & x\geqslant 0,\\ \cos x+C_2, & x<0,\end{cases}$ C_1,C_2 为任意常数

二、计算下列不定积分.

1. $\displaystyle\int\frac{(1-x)^2}{\sqrt{x}}\mathrm{d}x$;

2. $\displaystyle\int\frac{x^4}{1+x^2}\mathrm{d}x$;

3. $\displaystyle\int\frac{1}{x^2(1+x^2)}\mathrm{d}x$;

4. $\displaystyle\int(\mathrm{e}^x-1)^2 2^x\mathrm{d}x$;

5. $\int \dfrac{1}{\sin^2 x \cos^2 x}\,\mathrm{d}x$;

6. $\int \dfrac{2+\sin^2 x}{\cos^2 x}\,\mathrm{d}x$;

7. $\int \dfrac{1}{1+\sin x}\,\mathrm{d}x$;

8. $\int \mathrm{d}\int f'(x)\,\mathrm{d}x$;

9. $\int \mathrm{d}[f(x)+2]$;

10. $\int \cot^2 x\,\mathrm{d}x$.

不定积分的换元法和分部积分法

一、填空题.

1. 设 $\int xf(x)\mathrm{d}x = \arcsin x + C$，则 $\int \dfrac{\mathrm{d}x}{f(x)} = $ _____；

2. 设 $f(x) = \mathrm{e}^{-x}$，则 $\int \dfrac{f'(\ln x)}{x}\mathrm{d}x = $ _____；

3. $F(x)$ 为 $f(x)$ 的一个原函数，$f(x) = \dfrac{F(x)}{1+x^2}$，则 $f(x) = $ _____.

二、计算下列不定积分.

1. $\displaystyle\int \dfrac{\mathrm{d}x}{\sqrt[3]{1-2x}}$；

2. $\displaystyle\int \dfrac{\mathrm{d}x}{\sqrt{x-x^2}}$；

3. $\displaystyle\int \dfrac{x^3}{1+x^2}\mathrm{d}x$；

4. $\displaystyle\int \dfrac{\arctan\sqrt{x}}{\sqrt{x}+\sqrt{x^3}}\mathrm{d}x$；

5. $\displaystyle\int \dfrac{1+x+\arctan x}{1+x^2}\mathrm{d}x$；

6. $\displaystyle\int \dfrac{\mathrm{d}x}{1+\mathrm{e}^x}$；

7. $\int \tan^3 x \sec^3 x \, dx$;

8. $\int \cos^5 x \, dx$;

9. $\int \dfrac{1}{\sin^2 x + 2\cos^2 x} \, dx$;

10. $\int \dfrac{\ln(x+1) - \ln x}{x(x+1)} \, dx$.

三、计算下列不定积分.

1. $\int x^2 (1-x)^{1000} \, dx$;

2. $\int \dfrac{\sqrt{1-x^2}}{x^2} \, dx$;

3. $\int \dfrac{1}{x \sqrt{x^2-1}} \, dx$;

4. $\int \dfrac{1}{(2x^2+1)\sqrt{x^2+1}} \, dx$.

四、计算下列不定积分.

1. $\int (1+x^2)\sin 2x \, dx$;

2. $\int \dfrac{\ln x}{(x-2)^2} \, dx$;

3. $\int \dfrac{x}{\sin^2 x} \, dx$;

4. $\int x\tan^2 x \, dx$;

5. $\int x(\arctan x)^2 \, dx$;

6. $\int \sin(\ln x) \, dx$;

7. $\int e^{2x}(\tan x+1)^2\,dx$;

8. $\int \dfrac{x\arctan x}{\sqrt{1+x^2}}\,dx$;

9. $\int \dfrac{\arctan e^x}{e^{2x}}\,dx$;

10. $\int x^3 \sin\dfrac{x}{2}\,dx$.

五、设 $I_n = \int \dfrac{1}{\sin^n x}\,dx$，试建立递推公式.

六. 已知函数 $f(x) = \begin{cases} 2(x-1), & x<1, \\ \ln(x), & x\geq 1, \end{cases}$ 求 $f(x)$ 的原函数 $F(x)$.

有理函数的积分

计算下列不定积分.

1. $\int \dfrac{1}{x^4 - 2x^2 + 1} \mathrm{d}x$;

2. $\int \dfrac{x}{x^3 - 1} \mathrm{d}x$;

3. $\int \dfrac{1}{x(x^7 + 1)} \mathrm{d}x$;

4. $\int \dfrac{1}{(2 + \cos x)\sin x} \mathrm{d}x$;

5. $\displaystyle\int \frac{\sin x}{\sin x + \cos x}\,dx$;

6. $\displaystyle\int \frac{1}{x}\sqrt{\frac{1+x}{1-x}}\,dx$;

7. $\displaystyle\int \frac{dx}{\sin(2x) + \sin x}$;

8. $\displaystyle\int \ln\left(1 + \sqrt{\frac{1+x}{x}}\right)dx$.

单元测验

一、填空题.

1. 已知曲线上任一点的二阶导数 $y''=6x$，且在曲线上 $(0,-2)$ 处的切线为 $2x-3y=6$，则这条曲线的方程为_____.

2. 设函数 $f(x)$ 满足 $f'(\ln x)=1-x$，$f(0)=0$，则 $f(x)=$ _____.

3. 已知 $f(x)$ 的一个原函数为 $(1+\sin x)\ln x$，则 $\int xf'(x)\mathrm{d}x=$ _____.

二、计算下列不定积分.

1. $\int \dfrac{x\mathrm{e}^x}{\sqrt{\mathrm{e}^x-1}}\mathrm{d}x$；

2. $\int \dfrac{\arctan x}{x^2(1+x^2)}\mathrm{d}x$；

3. $\int \dfrac{1}{(1+\mathrm{e}^x)^2}\mathrm{d}x$；

4. $\int \dfrac{\sin x}{1+\sin x+\cos x}\mathrm{d}x$；

5. $\int \dfrac{\ln\tan\frac{x}{2}}{\sin x}\mathrm{d}x$；

6. $\int \dfrac{1+\sin x}{1+\cos x}\mathrm{e}^x\mathrm{d}x$.

三、设 $x = y(x-y)^2$,求 $\int \dfrac{1}{x-3y}\mathrm{d}x$.

四、设 $F(x)$ 是 $f(x)$ 的原函数,当 $x \geqslant 0$ 时,$f(x)F(x) = \dfrac{x\mathrm{e}^x}{2(1+x)^2}$,且 $F(0)=1$,$F(x)>0$,试求 $f(x)$.

定积分的概念与性质

一、利用定积分的定义计算下列定积分.

1. $\int_a^b x\,\mathrm{d}x\,(a<b)$;

2. $\int_0^1 \mathrm{e}^x\,\mathrm{d}x$.

二、利用定积分的几何意义,求下列定积分.

1. $\int_{-a}^a \sqrt{a^2-x^2}\,\mathrm{d}x$;

2. $\int_{-1}^3 x\,\mathrm{d}x$;

3. $\int_{-\frac{\pi}{2}}^{\frac{\pi}{2}} \sin x\,\mathrm{d}x$;

4. $\int_a^b (kx+m)\,\mathrm{d}x\,(0\leqslant a<b)$;

5. 设函数 $f(x)$ 在 $[0,+\infty)$ 上连续且单调增加，$f(0)=0$，$x=g(y)$ 是其反函数，试用定积分的几何意义说明下式成立：
$$\int_0^a f(x)\mathrm{d}x + \int_0^b g(x)\mathrm{d}x \geq ab \quad (a>0, b>0).$$

三、用定积分表示下列数列极限．

1. $\lim\limits_{n\to\infty} \dfrac{1}{n}\left(\sqrt[3]{1+\dfrac{1}{n}} + \sqrt[3]{1+\dfrac{2}{n}} + \cdots + \sqrt[3]{1+\dfrac{n}{n}}\right)$；

2. $\lim\limits_{n\to\infty} \dfrac{h}{n}\left\{\sin a + \sin\left(a+\dfrac{h}{n}\right) + \sin\left(a+\dfrac{2h}{n}\right) + \cdots + \sin\left[a+\dfrac{(n-1)h}{n}\right]\right\}$．

四、试用定积分的几何意义解释以下性质.

1. 若 $f(x)$ 是奇函数,则 $\int_{-a}^{a} f(x)\mathrm{d}x = 0$;

2. 若 $f(x)$ 是偶函数,则 $\int_{-a}^{a} f(x)\mathrm{d}x = 2\int_{0}^{a} f(x)\mathrm{d}x$;

3. $\int_{a}^{b} f(x)\mathrm{d}x = \int_{a}^{b} f(a+b-x)\mathrm{d}x$.

五、利用定积分的定义证明以下性质.
$\int_{a}^{b} kf(x)\mathrm{d}x = k\int_{a}^{b} f(x)\mathrm{d}x$ (k 是常数).

六、设 $D(x)$ 是狄利克雷函数：
$$D(x) = \begin{cases} 1, & \text{当 } x \text{ 是有理数}, \\ 0, & \text{当 } x \text{ 是无理数}. \end{cases}$$

问：定积分 $\int_a^b D(x)\mathrm{d}x \ (a<b)$ 是否存在？为什么？

七、估计下列定积分的值.

1. $\int_0^2 x\mathrm{e}^{-x}\mathrm{d}x$；

2. $\int_{\frac{1}{4}}^{\frac{1}{2}} x^x \mathrm{d}x$.

八、证明下列不等式.

1. $\dfrac{\pi}{12} \leqslant \displaystyle\int_{\frac{\pi}{4}}^{\frac{\pi}{3}} \tan x \, \mathrm{d}x \leqslant \dfrac{\pi}{12}\sqrt{3}$;

2. $\dfrac{1}{2} \leqslant \displaystyle\int_{\frac{\pi}{4}}^{\frac{\pi}{2}} \dfrac{\sin x}{x} \, \mathrm{d}x \leqslant \dfrac{\sqrt{2}}{2}$.

九、比较下列各对定积分的大小.

1. $\displaystyle\int_0^{\frac{\pi}{4}} \sin^2 x \, \mathrm{d}x$ 与 $\displaystyle\int_0^{\frac{\pi}{4}} \sin^4 x \, \mathrm{d}x$;

2. $\int_1^2 \sqrt{5-x}\,\mathrm{d}x$ 与 $\int_1^2 \sqrt{x+1}\,\mathrm{d}x$；

3. $\int_0^{\frac{\pi}{2}} \mathrm{e}^{-x}\,\mathrm{d}x$ 与 $\int_0^{\frac{\pi}{2}} \mathrm{e}^{-\sin x}\,\mathrm{d}x$；

4. $\int_0^{\frac{\pi}{2}} \sin(\sin x)\,\mathrm{d}x$ 与 $\int_0^{\frac{\pi}{2}} \cos(\sin x)\,\mathrm{d}x$.

5. $\int_0^\pi e^{-x^2} dx$ 与 $\int_\pi^{2\pi} e^{-x^2} dx$.

十、设 $f(x)$ 和 $g(x)$ 在 $[a,b]$ 上连续，证明：

1. 若在 $[a,b]$ 上 $f(x) \geqslant 0$，且至少有一点 $c \in [a,b]$，使得 $f(c) > 0$，则 $\int_a^b f(x)dx > 0$；

2. 若在 $[a,b]$ 上 $f(x) \geqslant g(x)$，且至少有一点 $c \in [a,b]$，使得 $f(c) > g(c)$，则 $\int_a^b f(x)dx > \int_a^b g(x)dx$.

十一、设 $\int_a^b f(x)\mathrm{d}x = m$, $\int_c^b f(x)\mathrm{d}x = n$,则 $\int_c^a f(x)\mathrm{d}x = ($ $)$.

A. $m+n$　　　　　　B. $m-n$　　　　　　C. $n-m$　　　　　　D. 0

2. 初等函数 $f(x)$ 在其定义区间 $[a,b]$ 上不一定（ ）.

A. 连续　　　　　　B. 可导　　　　　　C. 存在原函数　　　　　　D. 可积

3. 下列函数中,在区间 $[-1,3]$ 上不可积的是（ ）.

A. $f(x) = \begin{cases} 3, & -1 < x < 3, \\ 0, & x = -1, x = 3 \end{cases}$　　　　B. $f(x) = [x]$

C. $f(x) = \begin{cases} \dfrac{\sin x}{x}, & x \neq 0, \\ 1, & x = 0 \end{cases}$　　　　D. $f(x) = \begin{cases} \mathrm{e}^{\frac{1}{x^2}}, & x \neq 0, \\ 1, & x = 0 \end{cases}$

十二、求数列极限: $\lim\limits_{n \to \infty} \int_n^{n+p} \dfrac{x^2}{x^2+a^2} \mathrm{d}x$.

十三、设函数 $f(x)$ 连续,求 $\lim\limits_{h \to 0} \dfrac{1}{h} \int_a^{a+h} f(x)\mathrm{d}x$.

微积分基本公式

一、求下列积分变限函数的导数.

1. $y = \int_0^x \sin^2 t \, dt$;

2. $y = \int_x^2 \sqrt{1+t^2} \, dt$;

3. $y = \int_1^{x^3} \dfrac{dt}{\sqrt{1+t^2}}$;

4. $y = \int_{\cos x}^{\sin^2 x} e^{-t^2} \, dt$.

二、设 $x > 0$ 时,$F(x) = \int_1^x \left(\int_1^{y^2} \dfrac{\sqrt{1+t^4}}{t} dt \right) dy$,求 $F'(x), F''(x)$.

三、求由参数方程 $x = \int_0^t \dfrac{\sin u}{u} du, y = \int_t^{t^2} \cos u^2 du$ 所确定的函数 $y = y(x)$ 的导数 $\dfrac{dy}{dx}$.

四、设方程 $\int_0^x \sin t^3 dt + \int_x^y e^{-t^2} dt = 0$ 确定了函数 $y = y(x)$,求 $\dfrac{dy}{dx}$.

五、求下列极限.

1. $\displaystyle\lim_{x \to \infty} \dfrac{\int_0^x (1+t^2) e^{t^2} dt}{x e^{x^2}}$;

2. $\lim\limits_{x\to 0}\dfrac{\left(\int_0^x e^{t^2}dt\right)^2}{\int_0^x te^{2t^2}dt}$;

3. $\lim\limits_{x\to a}\dfrac{x^2}{x-a}\int_a^x f^2(t)dt$,其中 $f(x)$ 连续.

六、计算下列定积分.

1. $\int_1^2 (x+\dfrac{1}{x})^2 dx$;

2. $\int_0^{\frac{\pi}{4}}\dfrac{x^2}{1+x^2}dx$;

3. $\int_4^9 \sqrt{x}(\sqrt{x}+1)\mathrm{d}x$;

4. $\int_0^1 \dfrac{\mathrm{d}x}{\sqrt{4-x^2}}$;

5. $\int_{\frac{\pi}{4}}^{\frac{\pi}{2}} \cot^2\theta\,\mathrm{d}\theta$;

6. $\int_{-\mathrm{e}}^{-2} \dfrac{\mathrm{d}x}{1+x}$;

7. $\int_0^\pi |\cos x|\,\mathrm{d}x$;

8. $\int_{-2}^{2} f(x)dx$,其中 $f(x) = \begin{cases} x^2 + x, & x \leqslant 0, \\ e^{-x}, & x > 0. \end{cases}$

七、设 $f(x) = \begin{cases} x^2 - 1, & x \leqslant 1, \\ 2x, & x > 1, \end{cases}$ 求 $\Phi(x) = \int_{1}^{x} f(t)dt$ 的表达式,并讨论 $\Phi(x)$ 的连续性和可导性.

八、设 $f(x)$ 在 $[a,b]$ 上连续且单调增加,设
$$F(x) = \frac{1}{x-a}\int_{a}^{x} f(t)dt \quad (a < x < b),$$
证明:在 (a,b) 内有 $F'(x) \geqslant 0$.

九、设 $f(x) = \int_0^x \dfrac{1-\cos t}{t^2}\,dt$，求 $f'(0)$.

十、利用定积分计算下列极限.

1. $\displaystyle\lim_{n\to\infty} \dfrac{1}{n} \sum_{i=1}^{n} \sqrt[3]{1+\dfrac{i+1}{n}}$；

2. $\displaystyle\lim_{n\to\infty} \dfrac{1}{n} \sqrt[n]{(n+1)(n+2)\cdots(2n)}$.

十一、当 $x \in [0,1]$ 时，$f(x)$ 二阶可导，且 $f''(x) < 0$，证明：$\int_0^1 f(x^2)\mathrm{d}x \leq f\left(\dfrac{1}{3}\right)$.

十二、设 $F(x) = -2a + \int_0^x (t^2 - a^2)\mathrm{d}t$.

1. 求 $F(x)$ 的极大值 M；
2. 若视 M 为 a 的函数，即 $M = M(a)$，问 a 为何值时，M 取极小值.

十三、求曲线 $y = F(x) = \int_0^1 (1-t)|x-t|\,dt\,(0 \leqslant x \leqslant 1)$ 的凹凸区间.

定积分的换元法和分部积分法

一、计算下列定积分.

1. $\int_1^2 (x+2)^3 \, \mathrm{d}x$;

2. $\int_{\frac{\pi}{6}}^{\frac{\pi}{4}} \sin x \cos^2 x \, \mathrm{d}x$;

3. $\int_0^1 \frac{x}{x^2+1} \, \mathrm{d}x$;

4. $\int_1^2 \frac{\mathrm{e}^{\frac{1}{x}}}{x^2} \, \mathrm{d}x$;

5. $\int_0^1 \frac{\mathrm{d}x}{\mathrm{e}^x + \mathrm{e}^{-x}}$;

6. $\int_0^\pi (\sin^3\theta - \cos^3\theta) \, \mathrm{d}\theta$;

7. $\int_{-1}^0 \frac{\mathrm{d}x}{9-4x^2}$;

8. $\int_0^{\frac{\pi}{4}} \cos 2x \sqrt{4-\sin 2x} \, \mathrm{d}x$;

9. $\int_{-\pi}^{\pi} x^2 \sin 2x \, dx$;

10. $\int_0^4 \dfrac{dx}{1+\sqrt{2x+1}}$;

11. $\int_0^{\ln 2} \sqrt{e^x - 1} \, dx$;

12. $\int_{-1}^1 (x^3 - 1)\sqrt{1-x^2} \, dx$;

13. $\int_{-\frac{\pi}{2}}^{\frac{\pi}{2}} \sqrt{\cos x - \cos^3 x} \, dx$;

14. $\int_{-3}^3 \dfrac{\arctan x}{(x^2+1)^2} \, dx$;

15. $\int_1^e \dfrac{dx}{x\sqrt{1+\ln x}}$;

16. $\int_1^{\sqrt{3}} \dfrac{dx}{x^2 \sqrt{1+x^2}}$;

17. $\int_0^a \dfrac{\mathrm{d}x}{x+\sqrt{a^2-x^2}}\,(a>0)$;

18. $\int_{-2}^3 |x^2-2x-3|\,\mathrm{d}x$.

二、设 $f(x)=\begin{cases}\dfrac{1}{1+x},&x\geq 0,\\ \dfrac{1}{1+\mathrm{e}^x},&x<0,\end{cases}$ 求 $\int_0^2 f(x-1)\,\mathrm{d}x$.

三、设 $f(x)$ 连续，且 $\lim\limits_{x\to 0}\dfrac{f(x)}{x}=A$（$A$ 为常数），设 $\varphi(x)=\int_0^1 f(xt)\,\mathrm{d}t$，求 $\varphi'(0)$.

四、设 $f(x) = \int_0^x \cos(x-t)^2 \, \mathrm{d}t$，求 $f'(x)$.

五、证明：$\int_a^b f(x) \, \mathrm{d}x = \int_a^b f(a+b-x) \, \mathrm{d}x$，并由此得出以下等式：

1. $\int_0^a f(x) \, \mathrm{d}x = \int_0^a f(a-x) \, \mathrm{d}x$；

2. $\int_0^1 x^m (1-x)^n \, \mathrm{d}x = \int_0^1 (1-x)^m x^n \, \mathrm{d}x$ (m, n 是正整数).

六、证明：

1. $\int_1^x \dfrac{dt}{1+t^2} = \int_{\frac{1}{x}}^1 \dfrac{dt}{1+t^2} \quad (x>0)$；

2. $\int_0^x \dfrac{dt}{1+t^2} + \int_0^{\frac{1}{x}} \dfrac{dt}{1+t^2} = \dfrac{\pi}{2} \quad (x>0)$.

七、设 $f(x)$ 是连续函数，证明：

1. 若 $f(x)$ 是奇函数，则 $F(x) = \int_0^x f(t)dt$ 是偶函数；

2. 若 $f(x)$ 是偶函数，则 $F(x) = \int_0^x f(t)\,dt$ 是奇函数.

八、计算下列定积分.

1. $\int_0^{\frac{\pi}{2}} \dfrac{\sin x}{\sin x + \cos x}\,dx$;

2. $\int_0^{\pi} \dfrac{x\sin x}{\sqrt{1+\cos^2 x}}\,dx$.

九、计算下列定积分.

1. $\int_0^1 x e^{-2x}\,dx$;   2. $\int_0^{\sqrt{3}} x\arctan x\,dx$;

3. $\int_0^{\frac{\pi}{2}} x\sin x \, dx$;

4. $\int_0^{\pi} x^2 \cos x \, dx$;

5. $\int_1^e \ln^2 x \, dx$;

6. $\int_0^{\frac{\pi}{2}} e^{2x} \sin x \, dx$;

7. $\int_1^e \cos(\ln x) \, dx$;

8. $\int_{-\frac{1}{e}}^{\frac{1}{e}} |\ln(x+1)| \, dx$;

9. $\int_0^1 \sin\sqrt{x+1}\,dx$.

十、计算下列定积分.

1. $I_m = \int_0^1 (1-x^2)^{\frac{m}{2}}\,dx$ (m 是正整数);

2. $J_m = \int_0^\pi x\sin^m x\,dx$ (m 是正整数);

3. 计算定积分 $\int_0^1 x^5 \sqrt{1-x^2}\,dx$；

4. 计算定积分 $\int_0^{\frac{\pi}{2}} \dfrac{1}{1+\tan^\alpha x}\,dx$，其中 α 是参数.

十一、设 $I_n = \int_0^{\frac{\pi}{2}} \frac{\sin^2 nx}{\sin x}$，证明：

1. $I_n = \dfrac{1}{2n-1} + I_{n-1}, n = 1, 2, \cdots$；

2. $\ln \sqrt{2n+1} < I_n \leqslant 1 + \ln \sqrt{2n-1}$.

反常积分

一、判定下列各反常积分的收敛性,如果收敛,计算反常积分的值.

1. $\int_1^{+\infty} \dfrac{\mathrm{d}x}{x\sqrt{x}}$;

2. $\int_1^{+\infty} \dfrac{\mathrm{d}x}{\sqrt[3]{x^2}}$;

3. $\int_{-\infty}^0 \mathrm{e}^{ax}\mathrm{d}x\,(a>0)$;

4. $\int_0^{+\infty} x\mathrm{e}^{-ax^2}\mathrm{d}x\,(a>0)$;

5. $\int_{-\infty}^{+\infty} \dfrac{\mathrm{d}x}{x^2+2x+3}$;

6. $\int_2^{+\infty} \dfrac{\mathrm{d}x}{(x-1)(x+2)}$;

7. $\int_0^{+\infty} \mathrm{e}^{-pt}\sin\omega t\,\mathrm{d}t\,(p>0,\omega>0)$;

8. $\int_1^2 \dfrac{x}{\sqrt{x-1}}\,\mathrm{d}x$;

9. $\int_0^3 \dfrac{\mathrm{d}x}{(x-2)^2}$;

10. $\int_0^1 (\ln x)^2\,\mathrm{d}x$;

11. $\int_0^{+\infty} \dfrac{\mathrm{d}x}{\sqrt{x}(1+x)}$;

12. $\int_1^{+\infty} \dfrac{1}{\mathrm{e}^{x+1}+\mathrm{e}^{3-x}}\,\mathrm{d}x$;

13. $\int_1^{+\infty} \dfrac{1}{x(x^2+1)}\,\mathrm{d}x$.

二、当 p 为何值时,反常积分 $I_p = \displaystyle\int_e^{+\infty} \dfrac{\mathrm{d}x}{x(\ln x)^p}$ 收敛?在收敛时,求其积分值.

三、计算反常积分 $I_n = \int_0^{+\infty} x^n \mathrm{e}^{-x} \mathrm{d}x$（$n$ 为正整数）.

四、当 p 为何值时，积分 $\int_0^1 x^p \ln x \mathrm{d}x$ 收敛？在收敛时，求其积分值.

五、设 $f(t)(t \geqslant 0)$ 是连续函数，$f(t)$ 的拉普拉斯变换定义为
$$L(s) = \int_0^{+\infty} f(t) \mathrm{e}^{-st} \mathrm{d}t,$$
$L(s)$ 的定义域是使以上反常积分收敛的那些 s 的集合，求以下函数的拉普拉斯变换：
1. $f(t) = 1$；　　　　2. $f(t) = t$；　　　　3. $f(t) = \mathrm{e}^{at}$.

六、在概率论中一个正的连续函数 $p(x)$ 称为概率密度函数,如果它满足条件 $\int_{-\infty}^{+\infty} p(x)\mathrm{d}x = 1$. 以 $p(x)$ 为密度函数的连续型随机变量的均值 μ 和方差 σ^2 分别定义为

$$\mu = \int_{-\infty}^{+\infty} x p(x)\mathrm{d}x, \quad \sigma^2 = \int_{-\infty}^{+\infty} (x-\mu)^2 p(x)\mathrm{d}x,$$

已知标准正态分布的密度函数为

$$p(x) = \frac{1}{\sqrt{2\pi}} \mathrm{e}^{-\frac{x^2}{2}} \quad (-\infty < x < +\infty),$$

求标准正态分布的均值与方差.

定积分的应用

一、求由下列各组曲线所围成的图形的面积.

1. $y = 2x$ 与 $y = 3 - x^2$;

2. $y = \dfrac{1}{x}$ 与直线 $y = x$ 及 $y = 3$;

3. $y = \sin x, y = \cos x$ 与直线 $x = 0$ 及 $x = \pi$;

4. $x = y^2 - 4y$ 与 $x = 2y - y^2$.

二、求抛物线 $y = x^2 - x$ 及其在点 $(0,0)$ 和 $(1,0)$ 处的切线所围成的图形的面积.

三、求三叶玫瑰线 $\rho = \sin 3\theta$ 在 $0 \leqslant \theta \leqslant \dfrac{\pi}{3}$ 部分所围成的图形的面积.

四、求在圆 $\rho = 3\sin\theta$ 以内,心形线 $\rho = 1 + \sin\theta$ 以外的那部分区域的面积.

五、求由摆线 $x = a(t - \sin t), y = a(1 - \cos t)$ 的一拱 $(0 \leqslant t \leqslant 2\pi)$ 与 x 轴所围成的图形的面积.

六、求曲线 $y = \sqrt{x}$ 在区间 $[1, 2]$ 内的一条切线,使得该切线与曲线 $y = \sqrt{x}$ 及直线 $x = 1$ 和 $x = 2$ 所围成的图形的面积最小.

七、一个立体以圆域 $x^2 + y^2 \leqslant a^2 (a > 0)$ 为底,立体与 x 轴垂直的截面为正方形,求该立体的体积.

八、求下列各组曲线所围成的图形,按指定的轴旋转所形成的旋转体的体积.

1. $y=x$ 与 $y=x^2$,分别绕 x 轴和 y 轴;

2. $y=\arctan x$, $y=\dfrac{\pi}{4}$, $x=0$,绕 y 轴;

3. $y=\sin x(0\leqslant x\leqslant \pi)$, $y=0$,分别绕 x 轴和 y 轴;

4. 圆盘 $x^2 + y^2 \leqslant a^2$ 绕直线 $y = -b (0 < a < b)$.

5. 求抛物线 $y = -x^2 + 2$ 与直线 $y = -x$ 所围图形绕 x 轴旋转所得旋转体的体积.

九、求正方形板 $|x| + |y| \leqslant a (a > 0)$ 绕直线 $x = a$ 旋转而成的旋转体体积. 验证这个体积恰好等于正方形的面积与正方形的中心绕直线 $x = a$ 旋转时的路程之积(这一事实叫做古尔丁定理).

十、求曲线 $y = x^{\frac{3}{2}}(0 \leqslant x \leqslant 2)$ 的弧长.

十一、求摆线 $x = t - \sin t, y = 1 - \cos t (0 \leqslant t \leqslant 4\pi)$ 的弧长.

十二、求曲线 $y = \int_1^x \sqrt{t^3 - 1}\, \mathrm{d}t (1 \leqslant x \leqslant 3)$ 的弧长.

十三、求心形线 $\rho = a(1 - \cos\theta)$ 的全长.

十四、一质点在 x 轴上运动,其速度函数为 $v(t)=6t^2-18t+12$ (t 是时间). 求该质点在时间 $t=0$ 到 $t=4$ 之间的位移和经过的路程.

十五、根据虎克定律,弹簧在拉伸过程中所需的力 F(单位:N)与弹簧拉伸长度 x(单位:m)成正比:
$$F=kx \quad (k \text{ 是弹性系数}).$$
已知某弹簧的弹性系数为 600,求将该弹簧从自然长度拉伸 0.2m 所做的功.

十六、有一圆锥形储水池,深 8 m,上底半径 4 m. 设池中水深 6 m,问将池中的水全部抽出,需做多少功?(水的密度为 1000 kg/m³)

十七、一个半径为 R 的球形储水罐装满了水(水的密度为 μ).

1. 如果用水泵将水全部从罐顶抽出,问需要做多少功?

2. 如果将整罐水的质量集中在球心,形成一个质点,试比较将此质点提升到罐顶所做的功是否与第 1 题中抽水所做的功相等.

十八、将抛物线 $y=x^2$ 与直线 $y=2$ 所围成的平板垂直地放入水中,使平板上边缘与水面平行且距离水面 5 m,求该平板一侧所受的压力.(水的密度为 μ,单位:1000 kg/m³)

十九、边长为 $a,b(a>b)$ 的矩形薄板,与水面成 α 角沉入水中,薄板的长边平行于水面位于水深 h 处,求薄板所受的水压力.

微分方程

一、求下列可分离变量的微分方程的解.

1. $(xy^2+x)dx+(y-x^2y)dy=0$;

2. $y'=e^{5x-2y}$, $y(0)=0$;

3. $y'=\dfrac{x(1+y^2)}{y(1+x^2)}$;

4. $y'=\sqrt{\dfrac{1-y^2}{1-x^2}}$;

5. $(e^{x+y}-e^x)dx+(e^{x+y}+e^y)dy=0$;

6. $y' = \tan x - y = a$, $y(\frac{\pi}{2}) = 0$;

7. $(y+1)^2 \dfrac{dy}{dx} + x^2 = 0$;

8. $y' \sin x = y \ln y$.

二、求下列齐次微分方程的解.

1. $xy' - y - \sqrt{y^2 - x^2} = 0$;

2. $x^2 y' = x^2 + xy + y^2$;

3. $(xy' - y)\cos^2 \dfrac{y}{x} + x = 0$;

4. $y' = e^{\frac{y}{x}} + \dfrac{y}{x}$, $y(1) = 0$;

5. $y' = \dfrac{y^2 - 2xy - x^2}{y^2 + 2xy - x^2}$, $y(1) = 1$;

6. $(1 + 2e^{\frac{x}{y}}) dx + 2e^{\frac{x}{y}} (1 - \dfrac{x}{y}) dy = 0$;

7. $xy' = \ln \dfrac{y}{x}$.

三、求下列一阶线性微分方程的解.

1. $xy' + y = e^x$, $y(1) = e$;

2. $y' + y\cos x = e^{-\sin x}$;

3. $(x^2+1)y' + 2xy = 4x^2$；

4. $(x-2)y' = y + 2(x-2)^3$；

5. $y' + \dfrac{y}{x} = \dfrac{\sin x}{x}, y(\pi) = 1$；

6. $\dfrac{\mathrm{d}\rho}{\mathrm{d}\theta} + 5\rho = 4$；

7. $y' + \dfrac{2-3x^2}{x^3}y = 1, y(1) = 0$；

8. $y + 3 + \cot x \cdot \dfrac{\mathrm{d}y}{\mathrm{d}x} = 0, y|_{x=0} = 0$；

9. $xy' + y = x^2 + 3x + 2$.

四、一曲线在任一点的斜率等于 $\dfrac{2y+x+1}{x}$，且通过点 $(1,0)$，试求此曲线的方程式.

五、若 y_1 和 y_2 是二阶齐次线性方程 $y'' + p(x)y' + q(x)y = 0$ 的两个特解，则 $y = C_1 y_1 + C_2 y_2$ (　　).

A. 是该方程的通解　　　　　　　　B. 是该方程的解

C. 是该方程的特解　　　　　　　　D. 不一定是方程的解

六、求下列微分方程的通解.

1. $y'' = x + \sin x + 1$；

2. $y^{(4)} = x e^x + 2$；

3. $y'' = y' + x$；

4. $y'' = 1 + y'^2$；

5. $yy'' + y'^2 = 0$；

6. $y'' = y'^2 + y'$.

7. $1+y'^2=2yy''$;

8. $2xy'y''-y'^2=1$;

9. $y''+y'^2=1, y|_{x=0}=y'|_{x=0}=0$;

10. $y''=3\sqrt{y}, y|_{x=0}=1, y'|_{x=0}=2$.

七、求下列常系数齐次微分方程的解.

1. $y''-3y'+2y=0$;

2. $y''+a^2y=0$;

3. $y''+6y'+13y=0$;

4. $y^{(4)}-16y=0$;

5. $4y''+4y'+y=0, y|_{x=0}=2, y'|_{x=0}=0$;

6. $y''+4y'+29y=0, y|_{x=0}=0, y'|_{x=0}=15$.

八、求下列常系数非齐次微分方程的解.

1. $y''+3y'+2y=(x^2+1)e^{2x}$;

2. $y''+5y'+6y=2e^{-x}$;

3. $25y''-10y'+y=(3x^2+x)e^{\frac{1}{5}x}$;

4. $y''-2y'+5y=3x^2e^x(\cos 2x+\sin 2x)$;

5. $y'' + 4y + 3\sin 3x = 0$, $y|_{x=\pi} = y'|_{x=\pi} = 1$;

6. $y'' - 6y' + 5y = 4x + 1$, $y|_{x=0} = 1$, $y'|_{x=0} = 1$;

7. $y'' - 6y' + 9y = (2x+1)e^{3x}$, $y|_{x=0} = y'|_{x=0} = 1$;

8. $y'' + 4y = \cos 2x$, $y|_{x=0} = y'|_{x=0} = 0$.

九、在上半平面求一条向上凹的曲线，其上任一点 $p(x,y)$ 处的曲率（曲率 $K = \dfrac{y''}{[1+(y')^2]^{3/2}}$）等于此曲线在该点的法线段 PQ 长度的倒数（Q 是法线与 x 轴的交点），且曲线在点 $(1,1)$ 处的切线与 x 轴平行.

矢量及其运算

一、填空题.

1. 设 $a = \{3,2,1\}, b = \{2, \frac{4}{3}, k\}$. 若 $a \perp b$, 则 $k = $ _____; 若 $a \parallel b$, 则 $k = $ _____.

2. 已知三点坐标 $A(3,1,2), B(1,-1,1), C(2,0,k)$. 若 A, B, C 共线, 则 $k = $ _____.

3. 已知 $|a| = 2, |b| = 3$, 夹角 $\langle a, b \rangle = \frac{\pi}{3}$, 则 $|2a - b| = $ _____.

4. $a = 2i - j + 3k, b = i + 3j - k$, 则 $|2a - b| = $ _____, $\text{Prj}_b a = $ _____, $\cos\langle a, b \rangle = $ _____, $a \times b = $ _____.

5. 设 $(a \times b) \cdot c = 2$, 则 $[(a+b) \times (b+c)] \cdot (c+a) = $ _____.

6. 设 $a = (2,1,2), b = (4,-1,10), c = b - \lambda a$, 且 $a \perp c$, 则 $\lambda = $ _____.

二、计算题.

1. 设 a, b 为非零向量, $|b| = 2, \langle a, b \rangle = \frac{\pi}{3}$, 求 $\lim\limits_{x \to 0} \frac{|a + xb| - |a|}{x}$;

2. 已知三矢量 $a = (2,3,-1), b = (1,-2,3), c = (1,-2,-7)$, 若矢量 d 分别与 a, b 垂直, 且 $d \cdot c = 10$, 求矢量 d;

3. 设向量 $\overrightarrow{AB}$ 与 $a=(8,9,-12)$ 同向,且点 $A(2,-1,7)$,$|\overrightarrow{AB}|=34$,求点 B 的坐标;

4. 设向量 $a=2i+3j+4k$,$b=3i-j-k$. (1) 求向量 a 的方向余弦;(2) 求向量 a 在向量 b 上的投影;(3) 若 $|c|=3$,求向量 c,使得三向量 a,b,c 所构成的平行六面体的体积最大.

三、证明题.

1. 设 $a+b+c=0$,证明:$a\times b=b\times c=c\times a$;

2. 证明:若 $a\times b+b\times c+c\times a=0$,则 a,b,c 共面.

平面与直线

一、求过点 $P(1,-5,1)$ 和 $Q(3,2,-1)$ 且平行于 y 轴的平面方程.

二、求过点 $(1,0,1)$ 以及平面 $x+y-5z-1=0$ 与 $2x+3y-z+2=0$ 的交线的平面方程.

三、求过点 $P(-3,5,9)$ 与 $L_1: \begin{cases} y=3x+5, \\ z=2x-3 \end{cases}$ 和 $L_2: \begin{cases} y=4x-7, \\ z=5x+10 \end{cases}$ 都相交的直线方程.

四、已知直线 $\dfrac{x-a}{3} = \dfrac{y}{-2} = \dfrac{z-1}{a}$ 在平面 $3x+4y-az = 3a-1$ 上，求 a.

五、求点 $M(-1,2,0)$ 在平面 $x+2y-z+1=0$ 上的投影点的坐标.

六、求直线 $L:\begin{cases} x+y+2z=0, \\ x-y-z=0 \end{cases}$ 与平面 $\pi: x-y-z+1=0$ 的夹角 φ.

七、求直线 $L: \begin{cases} 2x - 4y + z = 0, \\ 3x - y - 2z - 9 = 0 \end{cases}$ 在平面 $4x - y + z = 1$ 上的投影直线方程.

八、求点 $P(3, -1, 2)$ 到直线 $L: \begin{cases} x + y - z + 1 = 0, \\ 2x - y + z - 4 = 0 \end{cases}$ 的距离.

九、已知直线 $L_1: x = t + 1, y = 2t - 1, z = t$ 与 $L_2: x = t + 2, y = 2t - 1, z = t + 1$,求直线 L_1 与 L_2 之间的距离.

十、求异面直线 $L_1: \dfrac{x-1}{0} = \dfrac{y}{1} = \dfrac{z}{1}$ 与 $L_2: \dfrac{x}{2} = \dfrac{y}{-1} = \dfrac{z+2}{0}$ 之间的距离.

十一、证明:平面 $6x + 3y - 2z + 12 = 0$ 包含直线 $\dfrac{x+3}{-2} = \dfrac{y}{6} = \dfrac{z+3}{3}$.

曲面与曲线

一、下列方程表示什么曲面.

1. $\dfrac{x^2}{9}+\dfrac{y^2}{4}+z^2=1$ _____ ; 2. $\dfrac{x^2}{4}+\dfrac{y^2}{9}-z=0$ _____ ;

3. $16x^2+4y^2-z^2=64$ _____ ; 4. $x^2-y-z^2=0$ _____ ;

5. $x^2+4y^2=25$ _____ ; 6. $x-2y^2=3$ _____ .

二、求过两曲面 $x^2+y^2+4z^2=1$ 与 $x^2-y^2-z^2=0$ 的交线,而母线平行于 z 轴的柱面方程.

三、求曲线 $\begin{cases} y^2=6-z, \\ x=0 \end{cases}$ 绕 z 轴旋转所得的旋转面 S 的方程,并求出 S 和锥面 $z=\sqrt{x^2+y^2}$ 的交线在 xOy 面上的投影.

四、求螺旋线 $\begin{cases} x = a\cos\theta, \\ y = a\sin\theta, \\ z = b\theta \end{cases}$ 在三个坐标面上的投影曲线的直角坐标方程.

五、求下列各平面曲线的旋转曲面方程.

1. $\begin{cases} x^2 + 4y^2 = 1, \\ z = 0 \end{cases}$ 分别绕 x 轴和 y 轴旋转；

2. $\begin{cases} z = \sqrt{y}, \\ x = 0 \end{cases}$ 分别绕 y 轴和 z 轴旋转.

多元函数、极限、连续

一、讨论集合 $S = \{(x,y) \mid (x^2+y^2)(y^2-x+1) \leqslant 0\}$ 的内点、边界和聚点.

二、求 $f(x,y) = \dfrac{\ln(x-y)}{\sqrt{y}}\arcsin x$ 的定义域,并画出定义域.

三、已知 $f(x+y,x-y) = e^{x^2+y^2}(x^2-y^2)$,求 $f(x,y)$.

四、设 $u(x,y) = xyf(x-2y)$,且 $u(x,1) = x^2+x$,求 $u(x,y)$.

五、求下列各极限.

1. $\lim\limits_{\substack{x\to\infty\\y\to 0}} \dfrac{x-y}{x+1}$;

2. $\lim\limits_{\substack{x\to 0\\y\to 0}} x\sin\dfrac{1}{y} + y\sin\dfrac{1}{x}$;

3. $\lim\limits_{\substack{x\to 0\\y\to 0}} \dfrac{1-\cos(xy)}{xy\tan(xy)}$;

4. $\lim\limits_{\substack{x\to 0\\y\to 0}} \dfrac{e^{x^2+y^2}-1}{(x^2+y^2)e^{x+y-1}}$;

5. $\lim\limits_{\substack{x\to 0\\y\to 2}}\dfrac{xy-\sin(xy)}{x^3}$;

6. $\lim\limits_{\substack{x\to 1\\y\to 0}}(x+y)^{\frac{1}{\sin(x-1)}}$;

7. $\lim\limits_{\substack{x\to +\infty\\y\to +\infty}}\dfrac{x^2+y^2}{e^{x+y}}$;

8. $\lim\limits_{\substack{x\to 0\\y\to 0}}\dfrac{\sin(x^3+y^3)}{x^2+y^2}$;

9. $\lim\limits_{\substack{x\to 0\\y\to 0}}\dfrac{(y-x)x}{\sqrt{x^2+y^2}}$;

10. $\lim\limits_{\substack{x\to +\infty\\y\to +\infty}}\left(\dfrac{xy}{x^2+y^2}\right)^x$.

六、证明:$\lim\limits_{\substack{x\to 0\\ y\to 0}}\dfrac{x^3+y^3}{x^2+y}$ 不存在.

七、求 $f(x,y)=\begin{cases}\dfrac{\ln(1+xy)}{x}, & x\neq 0,\\ y, & x=0\end{cases}$ 的定义域,并讨论其连续性.

偏导数与全微分

一、设 $f(x,y) = \sqrt{x^2+y^4}$，求 f'_x 及 f'_y。

二、设 $f(x,y) = \begin{cases} \dfrac{xy}{x^2+y^2} + x, & x^2+y^2 \neq 0, \\ 0, & x^2+y^2 = 0, \end{cases}$ 求 $f'_x(0,0)$ 及 $f'_y(0,0)$。

三、设 $f(x,y,z) = x^{y^z}$，求 f'_x, f'_y, f'_z。

四、设 $f(x,y) = \begin{cases} xy\dfrac{x^2-y^2}{x^2+y^2}, & x^2+y^2 \neq 0, \\ 0, & x^2+y^2 = 0, \end{cases}$ 求 $f(x,y)$ 在 $(0,0)$ 的所有二阶偏导。

偏导数与全微分

五、求 $f(x,y,z) = xy$ 在 $(1,2,3)$ 处的全微分.

六、设 $z = f(x,y)$, $\dfrac{\partial z}{\partial x} = -\sin x + e^{xy}$, $f(0,y) = y + \dfrac{1}{y}$, 求 $f(x)$.

七、$f(x,y) = \begin{cases} (x^2+y^2)\sin\dfrac{1}{x^2+y^2}, & x^2+y^2 \neq 0, \\ 0, & x^2+y^2 = 0. \end{cases}$ 证明:

1. $f'_x(0,0)$ 及 $f'_y(0,0)$ 存在;
2. f'_x 及 f'_y 在 $(0,0)$ 处不连续;
3. $f(x,y)$ 在 $(0,0)$ 处可微.

(注:本题说明具有连续偏导数只是可微的充分非必要条件)

复合函数求导法

一、设 $z = (x^2 + y^2)^{xy}$,求 $\dfrac{\partial z}{\partial x}, \dfrac{\partial z}{\partial y}$.

二、设 $z = \tan(3t + 2x^2 - y^2)$,$x = \dfrac{1}{t}$,$y = \sqrt{t}$,求 $\dfrac{\mathrm{d}z}{\mathrm{d}t}$.

三、设 $u = \mathrm{e}^{x^2+y^2+z^2}$,$z = xy$,求 $\dfrac{\partial u}{\partial x}, \dfrac{\partial u}{\partial y}$.

四、$f(x,y)$ 具连续偏导数,$f(x,x^2)=1, f'_x(x,x^2)=x$,求 $f'_y(x,x^2)$.

五、$f(x,y)$ 具连续偏导数,$f(1,1)=1, f'_x(1,1)=2, f'_y(1,1)=3$.
令 $\varphi(x)=f(x,f(x,x)), g(x)=f(x,f(x,f(x,x)))$. 求 $\varphi(1), g(1), \varphi'(1)$ 和 $g'(1)$.

六、设 $u(x,y)$ 具二阶连续偏导，$\dfrac{\partial^2 u}{\partial x^2} = \dfrac{\partial^2 u}{\partial y^2}$. $u(x,2x) = x$，$u_1'(x,2x) = x^2$，求 $u_{11}''(x,2x)$.

七、设 $z = f(x, xy, x+y)$，求 $\dfrac{\partial^2 z}{\partial x \partial y}$.

八、设 $u = f\left(\dfrac{x}{y}, \dfrac{x}{z}\right)$，求 u 的二阶偏导.

九、已知 $f(x,y) = y + \int_0^x f(x-t, y)\mathrm{d}t$，$g(x,y)$ 满足：$\dfrac{\partial g}{\partial x} = 1, \dfrac{\partial g}{\partial y} = -1, g(0,0) = 0$. 求 $\lim\limits_{n \to \infty} \left[\dfrac{f(\frac{1}{n}, n)}{g(n, 1)}\right]^n$.

十、证明：$f(x,y)$ 在区域 D 内恒为常数的充要条件是 $\dfrac{\partial f}{\partial x} \equiv \dfrac{\partial f}{\partial y} \equiv 0$.

隐函数与反函数求导

一、设 $x=x(y,z), y=y(z,x), z=z(x,y)$ 是方程 $F(x,y,z)=0$ 所确定的隐函数. 求证: $\dfrac{\partial x}{\partial y} \cdot \dfrac{\partial y}{\partial z} \cdot \dfrac{\partial z}{\partial x} = -1$.

二、设 $z=z(x,y)$ 由方程 $f(xy, z-y)=0$ 确定, 求 dz.

三、方程 $xy+z\ln y+e^{xz}=1$ 在 $(0,1,1)$ 的邻域内能否确定出某一个变量是其他变量的函数? 若能, 求出所确定函数的一阶偏导数.

四、设 $z = f(x+y, z+y)$,求 $\dfrac{\partial^2 z}{\partial x \partial y}$.($f$ 具连续二阶偏导)

五、变换 $xy = u, y-x = v$,把区域 $\{(u,v) \mid u>0, v>0\}$ 变为 $\{(x,y) \mid x>0, y>0\}$. 求 $\dfrac{\partial(x,y)}{\partial(u,v)}$ 及 $\dfrac{\partial(u,v)}{\partial(x,y)}$.

六、设 $y = y(x), z = z(x)$ 由 $z = xf(x+y)$ 和 $F(x,y,z) = 0$ 确定,其中 f 可导,F 可微,求 $\dfrac{\mathrm{d}z}{\mathrm{d}x}$ 和 $\dfrac{\mathrm{d}y}{\mathrm{d}x}$.

七、设 $z = f(u)$,方程 $u = \varphi(u) + \displaystyle\int_y^x P(t)\mathrm{d}t$ 确定 u 是 x,y 的函数. 其中 f,φ 可微,$P(t), \varphi'(u)$ 连续,且 $\varphi'(u) \neq 1$,求 $P(y) \cdot \dfrac{\partial z}{\partial x} + P(x) \cdot \dfrac{\partial z}{\partial y}$.

八、$f(u)$ 在 $(0,+\infty)$ 具二阶导数,且 $z = f(\sqrt{x^2+y^2})$ 满足 $\dfrac{\partial^2 z}{\partial x^2} + \dfrac{\partial^2 z}{\partial y^2} = 0$. 若 $f(1) = 0, f'(1) = 1$,求 $f(u)$.

九、设 $f(x,y)$ 具一阶连续偏导数,且满足 $x \cdot \dfrac{\partial f(x,y)}{\partial x} + y \cdot \dfrac{\partial f(x,y)}{\partial y} = 0$. 证明:$f(x,y)$ 在极坐标下与向量 r 无关.

空间曲线的切线及曲面的切平面

一、求 $\begin{cases} z = x^2 + y^2, \\ 2x^2 + 2y^2 - z^2 = 0 \end{cases}$ 在 $(1,1,2)$ 的切线方程.

二、求曲线 $\begin{cases} y = x^2, \\ z = x^3 \end{cases}$ 上一点,使该点切线平行于平面 $x + 2y + z = 4$.

三、求曲面 $x^2 + 2y^2 + 3z^2 = 21$ 的平行于平面 $x + 4y + 6z = 0$ 的切平面方程.

四、求 $x = u\cos v, y = u\sin v, z = v$ 在 $(\sqrt{2}, \sqrt{2}, \frac{\pi}{4})$ 的切平面方程.

五、求 $x^2+y^2+z^2=x$ 的切平面，使其垂直于平面 $x-y-z=2$ 和 $x-y-\dfrac{z}{2}=2$.

六、确定正数 λ，使曲面 $xyz=\lambda$ 与 $\dfrac{x^2}{a^2}+\dfrac{y^2}{b^2}+\dfrac{z^2}{c^2}=1$ 相切.

七、证明：曲面 $F(x-az,y-bz)=0$ 的切平面与某一定直线平行.

八、证明：曲面 $ax+by+cz=\Phi(x^2+y^2+z^2)$ 在 (x_0,y_0,z_0) 的法向量与向量 (x_0,y_0,z_0) 及 (a,b,c) 共面.

方向导数、梯度

一、设 $u = x^2 + y^2 + z^2$. 求：

1. $\operatorname{grad} u(1,1,1)$；

2. $\dfrac{\partial u}{\partial l}(1,1,1): l$ 从 $(1,1,1)$ 到 $(2,3,3)$ 的方向.

二、$f(x,y) = \sqrt{x^2 + y^4}$. 求：

1. $\operatorname{grad} f(1,-1)$；

2. $\dfrac{\partial f}{\partial l}(1,-1): l$ 与 Ox 轴正向成 $\dfrac{\pi}{4}$；

3. $\dfrac{\partial f}{\partial l}(1,-1): l$ 与 $\operatorname{grad} f(1,1)$ 同向.

三、$f(x,y) = \begin{cases} \dfrac{xy}{\sqrt{x^2+y^2}}, & x^2+y^2 \neq 0, \\ 0, & x^2+y^2 = 0, \end{cases}$ 求：

1. $\operatorname{grad} f(0,0)$；

2. $\dfrac{\partial f}{\partial l}(0,0): l$ 与 Ox 轴正向成 $\dfrac{\pi}{3}$；

3. $f(x,y)$ 在 $(0,0)$ 增加最快的方向；

4. $f(x,y)$ 在 $(0,0)$ 减少最快的方向；

5. $f(x,y)$ 在 $(0,0)$ 变化率为零的方向.

四、如果可微函数 $f(x,y)$ 在 $(1,2)$ 处从点 $(1,2)$ 到 $(2,2)$ 的方向导数为 2，从点 $(1,2)$ 到点 $(1,1)$ 的方向导数为 -2，求：

1. $\operatorname{grad} f(1,2)$；

2. $\dfrac{\partial f}{\partial l}(1,2)$；$l$ 从 $(1,2)$ 到 $(4,6)$.

五、证明：$f(x,y) = \sqrt[3]{xy}$ 在 $(0,0)$ 连续且可偏导，但除坐标轴的四个方向外，在 $(0,0)$ 沿其他方向的方向导数都不存在.

六、曲面 $2x^2 + 3y^2 + z^2 = 6$ 上点 $P(1,1,1)$ 处指向外侧的法向量 n，求函数 $u = \dfrac{\sqrt{6x^2+8y^2}}{z}$ 在点 P 处沿方向 n 的方向导数.

多元函数的极值和最值

一、求 $f(x,y) = x^4 + 2y^4 - 2x^2 - 12y^2 + 6$ 的极值.

二、求 $f(x,y) = \sin x + \sin y - \sin(x+y)$ 在闭区域 D 上的最大值和最小值,其中 $D = \{(x,y) \mid x \geqslant 0, y \geqslant 0, x+y \leqslant 2\pi\}$.

三、求由方程 $x^2 + 2xy + 2y^2 = 1$ 所确定的函数 $y = y(x)$ 的极值.

四、设 $f(x,y)$ 在 $(0,0)$ 的邻域内连续,判断 $(0,0)$ 是否是 $f(x,y)$ 的极值点.

1. $\lim\limits_{\substack{x\to 0\\y\to 0}}\dfrac{f(x,y)-xy}{(x^2+y^2)^2}=1$;

2. $\lim\limits_{\substack{x\to 0\\y\to 0}}\dfrac{f(x,y)-x^2y^2}{(x^2+y^2)^2}=-1$.

五、求 $f(x,y)=x^2+y^2-12x+16y$ 在 $x^2+y^2\leqslant 25$ 下的极值.

六、已知 $z=f(x,y)$ 满足 $\mathrm{d}z=2x\mathrm{d}x-2y\mathrm{d}y$,且 $f(1,1)=2$.求 $f(x,y)$ 在 $\{(x,y)\,|\,x^2+\dfrac{y^2}{4}\leqslant 1\}$ 上的最大值和最小值.

七、证明:凸四边形的对角和为 π 时面积最大.

八、利用极值求椭圆 $5x^2 + 4xy + 2y^2 = 1$ 的半长、短轴.

九、求 $\dfrac{x^2}{a^2} + \dfrac{y^2}{b^2} + \dfrac{z^2}{c^2} = 1$ 在第一卦限部分上的切平面,使它与三个坐标面所围成的四面体体积最小.

十、设 $f(t)$ 在 $[1,+\infty)$ 有连续的二阶导数，$f(x)=0, f'(1)=1$，且二元函数 $z=(x^2+y^2)f(x^2+y^2)$ 满足 $\dfrac{\partial^2 z}{\partial x^2}+\dfrac{\partial^2 z}{2y^2}=0$. 求 $f(t)$ 在 $[1,+\infty)$ 上的最大值.

十一、设 $z=f(x,y)$ 在有界闭区域 D 上具二阶连续偏导，且 $\dfrac{\partial^2 z}{\partial x^2}+\dfrac{\partial^2 z}{\partial y^2}=0, \dfrac{\partial^2 z}{\partial x \partial y}\neq 0$. 证明：$z$ 的最值在 D 的边界上取得.

二重积分的概念与性质

一、利用 $\iint\limits_{D}(4-\sqrt{x^2+y^2})\mathrm{d}\sigma$ 的几何意义，画图并求值，其中 $D:x^2+y^2\leqslant 4$.

二、设闭区域 $D:x^2+y^2\leqslant a^2$，$f(x,y)$ 为 D 上连续函数，且 $f(x,y)=\sqrt{a^2-x^2-y^2}+\iint\limits_{D}f(u,v)\mathrm{d}u\mathrm{d}v$，求 $f(x,y)$.

三、设闭区域 $D=\{(x,y)\mid x\geqslant 0,y\geqslant 0,\dfrac{1}{2}\leqslant x+y\leqslant 1\}$，比较下面二重积分的大小：

$$I_1=\iint\limits_{D}\ln^3(x+y)\mathrm{d}\sigma,\quad I_2=\iint\limits_{D}(x+y)^3\mathrm{d}\sigma,\quad I_3=\iint\limits_{D}\sin^3(x+y)\mathrm{d}\sigma.$$

四、利用二重积分的性质估计积分的值:$I = \iint\limits_{|x|+|y|\leq 10} \dfrac{\mathrm{d}\sigma}{100+\cos^2 x+\cos^2 y}$.

五、设 $f(x,y)$ 为 $\mathbf{R}^2$ 上的连续函数,求 $I = \lim\limits_{\rho \to 0^+} \dfrac{1}{\pi} \iint\limits_{x^2+y^2\leq \rho^2} f(x,y)\mathrm{d}\sigma$.

二重积分的计算(1)

一、更换下列积分的次序.

1. $I = \int_0^1 dx \int_0^{\sqrt{2x-x^2}} f(x,y)dy + \int_1^2 dx \int_0^{2-x} f(x,y)dy = $ _____ ;

2. $I = \int_0^4 dy \int_{-\sqrt{4-y}}^{\sqrt{4y-y^2}} f(x,y)dx = $ _____ ;

3. $I = \int_0^\pi dx \int_{-\sin\frac{x}{2}}^{\sin x} f(x,y)dy = $ _____ .

4. $a > 0$ 时, $I = \int_0^{2a} dx \int_{\sqrt{2ax-x^2}}^{\sqrt{2ax}} f(x,y)dy = $ _____ ;

二、计算下列二重积分.

1. $\iint\limits_D (x+y)dxdy$, 其中区域 D 由曲线 $y = x^2, y = 4x^2, y = 1$ 所围而成;

2. $\iint\limits_{D} |y - x^2| \, dx\, dy$,其中 $D = \{(x,y) | 0 \leqslant x \leqslant 1, 0 \leqslant y \leqslant 1\}$;

3. $\iint\limits_{D} e^{-\frac{1}{2}y^2} \, dx\, dy$,其中 D 为 $x = 1, y = 0, y = \sqrt{x}$ 围成的面积(提示:先对 x 积分).

三、已知 $a>0, \int_0^a f(x)\mathrm{d}x = A$，求 $I = \int_0^a \mathrm{d}x \int_x^a f(x)f(y)\mathrm{d}y$.

四、设 $f(x)$ 在 $[a,b]$ 上连续，证明：$\left[\int_a^b f(x)\mathrm{d}x\right]^2 \leqslant (b-a)\int_a^b f^2(x)\mathrm{d}x$.

五、作图并计算由 $z = xy, x+y+z = 1, z = 0$ 所围闭区域的体积.

二重积分的计算(2)

一、将直角坐标形式与极坐标形式的二次积分互化.

1. $\int_0^1 \mathrm{d}x \int_0^1 f(x,y)\mathrm{d}y$

   = _____ ;

2. $\int_0^1 \mathrm{d}x \int_0^{x^2} f(x,y)\mathrm{d}y$

   = _____ ;

3. $\int_0^{\frac{\pi}{2}} \mathrm{d}\theta \int_{a\cos\theta}^{2a\cos\theta} \sqrt{4a^2-\rho^2}\,\rho\,\mathrm{d}\rho$

   = _____ .

二、利用极坐标计算下列二重积分.

1. $I = \iint\limits_D \sin\sqrt{x^2+y^2}\,\mathrm{d}x\mathrm{d}y$,其中 $D = \{(x,y) \mid \pi^2 \leqslant x^2+y^2 \leqslant 4\pi^2\}$;

2. $I = \iint\limits_{D} \dfrac{x+y}{x^2+y^2} \mathrm{d}x\mathrm{d}y$,其中 $D = \{(x,y) \mid x^2+y^2 \leqslant 1, x+y \geqslant 1\}$;

3. $I = \iint\limits_{D} (\sqrt{x^2+y^2-2xy} + 2) \mathrm{d}x\mathrm{d}y$,其中 $D = \{(x,y) \mid x^2+y^2 \leqslant 1, x \geqslant 0, y \geqslant 0\}$.

三、求由平面 $z = x - y, z = 0$ 与柱面 $x^2 + y^2 = ax$ 在上半空间所围成的立体的体积($a > 0$).

四、设闭区域 $D = \{(x, y) \mid x^2 + y^2 \leqslant y, x \geqslant 0\}$, $f(x, y)$ 为 D 上连续函数, 且 $f(x, y) = \sqrt{1 - x^2 - y^2} - \dfrac{8}{\pi} \iint\limits_{D} f(u, v) \mathrm{d}u \mathrm{d}v$, 求 $f(x, y)$.

五、求 $I = \iint\limits_{D} x[1+yf(x^2+y^2)]\mathrm{d}x\mathrm{d}y$，其中 D 是由 $y=x^3, y=1, x=-1$ 所围成的，$f(u)$ 是 $u \in \mathbf{R}$ 上的连续函数.

三重积分的概念及其计算

一、设 Ω 是由曲面 $z=\sqrt{x^2+y^2}$, $z=1-x^2-y^2$ 所围成的闭区域.

1. 作图并将 $I=\iiint\limits_{\Omega}f(x,y,z)\mathrm{d}x\mathrm{d}y\mathrm{d}z$ 化为按 z,y,x 顺序积分（最先进行 z 积分）的形式；

2. 作图并将 $I=\iiint\limits_{\Omega}f(x,y,z)\mathrm{d}x\mathrm{d}y\mathrm{d}z$ 化为先计算关于 x,y 的二重积分再计算关于 z 的定积分的形式.

二、设 $\Omega_1: x^2+y^2+z^2 \leqslant R^2, z \geqslant 0; \Omega_2: x^2+y^2+z^2 \leqslant R^2, x \geqslant 0, y \geqslant 0, z \geqslant 0$，则( ).

A. $\iiint\limits_{\Omega_1} x\,\mathrm{d}x\mathrm{d}y\mathrm{d}z = 4\iiint\limits_{\Omega_2} x\,\mathrm{d}x\mathrm{d}y\mathrm{d}z$ B. $\iiint\limits_{\Omega_1} y\,\mathrm{d}x\mathrm{d}y\mathrm{d}z = 4\iiint\limits_{\Omega_2} y\,\mathrm{d}x\mathrm{d}y\mathrm{d}z$

C. $\iiint\limits_{\Omega_1} z\,\mathrm{d}x\mathrm{d}y\mathrm{d}z = 4\iiint\limits_{\Omega_2} z\,\mathrm{d}x\mathrm{d}y\mathrm{d}z$ D. $\iiint\limits_{\Omega_1} xyz\,\mathrm{d}x\mathrm{d}y\mathrm{d}z = 4\iiint\limits_{\Omega_2} xyz\,\mathrm{d}x\mathrm{d}y\mathrm{d}z$

三、计算 $I = \iiint\limits_{\Omega} y\cos(x+z)\,\mathrm{d}x\mathrm{d}y\mathrm{d}z$，其中 Ω 是由 $y=\sqrt{x}, z=0, y=0, x+z=\dfrac{\pi}{2}$ 所围成的立体.

四、计算 $I = \iiint\limits_{\Omega} \dfrac{xz}{(1+y)^2} \mathrm{d}x\mathrm{d}y\mathrm{d}z$,其中 Ω 是由 $x=0, z=0, z=1-y^2$ 及 $x=\sqrt{y}$ 所围成的立体区域.

五、计算 $I = \iiint\limits_{\Omega} \mathrm{e}^{|z|} \mathrm{d}x\mathrm{d}y\mathrm{d}z$,其中 Ω 为 $x^2+y^2+z^2 \leqslant 1$ 所围成的立体区域.

六、计算三重积分 $\iiint\limits_{\Omega} y\sqrt{1-x^2}\,\mathrm{d}x\mathrm{d}y\mathrm{d}z$,其中 Ω 是由曲面 $y = -\sqrt{1-x^2-z^2}$,$x^2+z^2=1$ 及 $y=1$ 所围成的区域.

利用柱面、球面坐标计算三重积分

一、计算 $I = \iiint\limits_{\Omega} xz\,dx\,dy\,dz$,其中 Ω 是由 $z = \sqrt{x^2+y^2}$ 及 $z = 12 - x^2 - y^2$ 所围成的立体区域.

二、设 Ω 是由 $z = x^2+y^2$ 及 $z = \sqrt{x^2+y^2}$ 所围成的立体区域,将 $\iiint\limits_{\Omega} f(x,y,z)\,dv$ 化为柱面坐标形式的三次积分,并计算 $I = \iiint\limits_{\Omega} \dfrac{\ln(1+\sqrt{x^2+y^2})}{x^2+y^2}\,dx\,dy\,dz$.

三、设 Ω 是由曲线 $\begin{cases} y^2 = 2z \\ x = 0 \end{cases}$，绕 z 轴旋转一周所得曲面与 $z = 4$ 所围成的区域，求 $\iiint\limits_{\Omega} (x^2 + y^2 + z) \mathrm{d}x \mathrm{d}y \mathrm{d}z$.

四、计算 $I = \iiint\limits_{\Omega} (x+z) \mathrm{d}x \mathrm{d}y \mathrm{d}z$，其中 Ω 是由 $z = \sqrt{x^2+y^2}, z = \sqrt{1-x^2-y^2}$ 所围成的立体区域.

五、计算 $I = \iiint\limits_{\Omega} \sin(x^2+y^2+z^2)^{\frac{3}{2}} \mathrm{d}x\mathrm{d}y\mathrm{d}z$,其中 Ω 是由 $z = \sqrt{3(x^2+y^2)}$ 及 $z = \sqrt{R^2-x^2-y^2}(R > 0)$ 所围成的立体区域.

六、计算 $I = \iiint\limits_{\Omega} (\sqrt{x^2+y^2+z^2} + \dfrac{1}{x^2+y^2+z^2}) \mathrm{d}x\mathrm{d}y\mathrm{d}z$,其中 Ω 是由 $z = \sqrt{x^2+y^2}$,$z = \sqrt{3(x^2+y^2)}$ 及 $z = 1$ 所围成的立体区域.

七、将 $I = \iiint\limits_{\Omega} f(x,y,z)\mathrm{d}x\mathrm{d}y\mathrm{d}z$ 表示成柱面坐标系和球面坐标系的累次积分，其中 Ω 是由 $2z = x^2 + y^2, z = 2, z = 1$ 所围成的立体区域．

解 区域 Ω：$1 \le z \le 2$，且在旋转抛物面 $z = \dfrac{x^2+y^2}{2}$ 之内（即 $x^2+y^2 \le 2z$）。$z=1$ 平面与抛物面的交线为 $x^2+y^2=2$，$z=2$ 平面与抛物面的交线为 $x^2+y^2=4$。

柱面坐标系： 设 $x=r\cos\theta, y=r\sin\theta, z=z$，则

$$I = \int_0^{2\pi}\mathrm{d}\theta\int_0^{\sqrt{2}} r\,\mathrm{d}r\int_1^2 f(r\cos\theta, r\sin\theta, z)\,\mathrm{d}z + \int_0^{2\pi}\mathrm{d}\theta\int_{\sqrt{2}}^{2} r\,\mathrm{d}r\int_{r^2/2}^{2} f(r\cos\theta, r\sin\theta, z)\,\mathrm{d}z.$$

球面坐标系： 设 $x=\rho\sin\varphi\cos\theta, y=\rho\sin\varphi\sin\theta, z=\rho\cos\varphi$。平面 $z=1$：$\rho=\sec\varphi$；平面 $z=2$：$\rho=2\sec\varphi$；抛物面 $2z=x^2+y^2$：$\rho=\dfrac{2\cos\varphi}{\sin^2\varphi}$。当 $0\le\varphi\le\dfrac{\pi}{4}$ 时，ρ 从 $\sec\varphi$ 到 $2\sec\varphi$；当 $\dfrac{\pi}{4}\le\varphi\le\arctan\sqrt{2}$ 时，ρ 从 $\sec\varphi$ 到 $\dfrac{2\cos\varphi}{\sin^2\varphi}$。记 $F=f(\rho\sin\varphi\cos\theta,\rho\sin\varphi\sin\theta,\rho\cos\varphi)$，则

$$I = \int_0^{2\pi}\mathrm{d}\theta\int_0^{\pi/4}\sin\varphi\,\mathrm{d}\varphi\int_{\sec\varphi}^{2\sec\varphi} F\rho^2\,\mathrm{d}\rho + \int_0^{2\pi}\mathrm{d}\theta\int_{\pi/4}^{\arctan\sqrt{2}}\sin\varphi\,\mathrm{d}\varphi\int_{\sec\varphi}^{\frac{2\cos\varphi}{\sin^2\varphi}} F\rho^2\,\mathrm{d}\rho.$$

重积分的应用

一、用二重积分计算.

1. 求由曲面 $z = \sqrt{x^2+y^2}$ 和曲面 $z = x^2+y^2$ 所围成的立体的体积和表面积；

2. 求由半球面 $z = \sqrt{12-x^2-y^2}$ 与旋转抛物面 $x^2+y^2 = 4z$ 所围成的立体的表面积；

3. 求由球面 $x^2+y^2+z^2=4a^2$ 和柱面 $x^2+y^2=2ax$ 所围的且在柱面内部部分的体积.

二、设有一半径为定 R 的定球,另有一半径为 r 的变球与定球相割,如果变球的球心在定球的表面上,问 r 等于多少时,含在定球内的变球的表面积最大?并求出最大表面积的值.

三、物体由圆锥和与圆锥共底的半球拼接(蛋卷冰淇淋形状),圆锥的高等于球的半径 a,物体上任一点处的密度等于该点到圆锥顶点的距离的平方,求此物体的质量.

四、设有一半径为 R 的球体,P_0 是此球表面上的一定点,球体上任一点的密度与该点到 P_0 距离的平方成正比(比例常数 $k>0$),求球体的重心位置.

五、证明：$\int_0^2 \int_0^v \int_0^u f(t)\,dt\,du\,dv = \frac{1}{2}\int_0^x (x-t)^2 f(t)\,dt$.

六、求均匀椭圆板 $\frac{x^2}{a^2} + \frac{y^2}{b^2} \leqslant 1$ 关于直线 $y = mx$ 的转动惯量，并求使转动惯量最小的 m 值.

七、一均匀圆柱筒以柱面 $x^2+y^2=a^2, x^2+y^2=b^2(a<b)$ 和平面 $z=0, z=h(h>0)$ 为界面,在原点处有一质量为 m 的质点,求圆柱筒对原点的引力.

八、设 $F(t) = \dfrac{\iiint_{\Omega(t)} f(x^2+y^2+z^2)\mathrm{d}v}{\iint_{D(t)} f(x^2+y^2)\mathrm{d}\sigma}$, $G(t) = \dfrac{\iint_{D(t)} f(x^2+y^2)\mathrm{d}\sigma}{\int_{-t}^{t} f(x^2)\mathrm{d}x}$, 其中函数 f 连续且恒大于零, $\Omega(t) = \{(x,y,z) \mid x^2+y^2+z^2 \leqslant t^2\}$, $D(t) = \{(x,y) \mid x^2+y^2 \leqslant t^2\}$.

1. 讨论 $F(t)$ 在区间 $(0,+\infty)$ 内的单调性;

2. 证明:当 $t > 0$ 时, $F(t) > \dfrac{2}{\pi} G(t)$.

曲线积分

一、计算下列曲线积分.

1. $\int_L \sqrt{2y}\,\mathrm{d}s$, $L: x=a(t-\sin t), y=a(1-\cos t)\ (a>0, 0\leqslant t\leqslant 2\pi)$;

2. $\oint_L (x+y)\,\mathrm{d}s$, L：顶点为 $O(0,0), A(1,0), B(0,1)$ 的三角形边界；

3. $\oint_L \mathrm{e}^{\sqrt{x^2+y^2}}\,\mathrm{d}s$, L：由曲线 $r=a, \theta=0, \theta=\dfrac{\pi}{4}$ 所围成的区域的边界；

4. $\int_L (x+y+z)\mathrm{d}s$,$L$:直线$AB$:$A(1,1,0)$,$B(1,0,0)$及螺线$\overline{BC}$:$x=\cos t$,$y=\sin t$,$z=t(0\leqslant t\leqslant 2\pi)$组成.

二、求曲线$x=\mathrm{e}^t\cos t$,$y=\mathrm{e}^t\sin t$,$z=\mathrm{e}^t$以$t=0$到任意点间那段弧的质量,设它各点的密度与该点到原点的距离平方成反比,且在点$(1,0,1)$处的密度为1.

三、计算$I=\oint_L \cos\sqrt{x^2+y^2}\mathrm{d}s$,其中$L$是由$x=y$,$y=\sqrt{R^2-x^2}$,$y=0$所围成的第一象限部分的边界.

四、求 $\oint_L \sqrt{2y^2+z^2}\,\mathrm{d}s$,其中 L 满足 $\begin{cases} x^2+y^2+z^2=a^2, \\ x-y=0. \end{cases}$

五、求 $\oint_L x\,\mathrm{d}s$,其中 L 是由直线 $x=0, y=x$ 及曲线 $2-y=x^2$ 所围成的第一象限部分的闭路.

六、设一质点处于弹性力场中,弹力方向指向原点,大小与质点离原点的距离成正比,比例系数为 k,若质点沿椭圆 $\dfrac{x^2}{a^2}+\dfrac{y^2}{b^2}=1$ 从点 $(a,0)$ 移动到点 $(0,b)$(第一象限内),求弹力所做的功.

七、求曲线积分 $I = \int_L (x^2 + 2xy)\mathrm{d}x + (y^2 - 2xy)\mathrm{d}y$，$L$ 是一段抛物线 $y = x^2 (-1 \leqslant x \leqslant 1)$ 沿 x 增加方向.

八、计算 $I = \int_L y\sqrt{x}\,\mathrm{d}x + x\mathrm{e}^{y^2}\mathrm{d}y$，其中 L 为曲线 $y = \sqrt[3]{x}$ 上从点 $O(0,0)$ 到点 $(1,1)$ 的一段弧.

九、求 $\int_L (x^2 + y^2)\mathrm{d}x + (x^2 - y^2)\mathrm{d}y$，$L$ 是曲线 $y = 1 - |1 - x|$ 从点 $(0,0)$ 到点 $(2,0)$ 部分.

十、求 $\int_{\widehat{ABC}} x\,dy - y\,dx$,其中 $A(-1,0), B(0,1), C(1,0)$,$\widehat{AB}$ 为 $x^2 + y^2 = 1$ 的上半圆弧段,$\widehat{BC}$ 为 $y = 1 - x^2$ 上的弧段.

十一、求 $\oint_L x\,dy$,其中 L 是由直线 $\dfrac{x}{2} + \dfrac{y}{3} = 1$ 和坐标轴构成的三角形闭路,沿逆时针方向.

十二、求 $\int_L (y^2 - z^2)\,dx + 2yz\,dy - x^2\,dz$,其中 L 是曲线 $x = t, y = t^2, z = t^3$ 上由 $t_1 = 0$ 到 $t_2 = 1$ 的一段弧.

十三、已知平面力场 $\vec{F} = \{y, x\}$，问将单位质量的质点 M 从坐标原点沿直线移到曲线 $\dfrac{x^2}{a^2} + \dfrac{y^2}{b^2} = 1$ 在第一象限的部分上，终点为何点时，$\vec{F}$ 做功最大？

十四、利用曲线积分计算由旋轮线 $x = a(t - \sin t), y = a(1 - \cos t)(0 \leqslant t \leqslant 2\pi)$ 与 x 轴所围区域的面积.

十五、利用格林公式计算下列曲线积分.

1. $\oint_L (x+y)^2 \mathrm{d}x + (x^2 - y^2) \mathrm{d}y$，其中 L 是顶点为点 $A(1,1), B(3,3), C(3,5)$ 的三角形的边界，沿逆时针方向；

2. $\oint_L xy^2 dx + x^2 y dy$,其中 L 是 $x^2+y^2=R^2$ 沿逆时针方向;

3. $\int_L (x^2+2xy-y^2)dx + (x^2-2xy+y^2)dy$,其中 L 是从点 $A(0,-1)$ 沿直线 $y=x-1$ 到点 $M(1,0)$,再从点 M 沿圆周 $x^2+y^2=1$ 依逆时针到点 $B(0,1)$;

4. $\int_L [f(y)e^x - my]dx + [f'(y)e^x - m]dy$,其中 $f(y)$ 有连续的一阶导数,L 是连接点 $A(0,y_1)$,$B(0,y_2)$ 的任何路径,且 L 与直线 AB 所围成区域的面积为定值 S,L 总是位于直线段 AB 的左方.

十六、求 $\displaystyle\oint_L \dfrac{-y\,\mathrm{d}x + x\,\mathrm{d}y}{x^2+y^2}$，其中 L 为曲线 $|x|+|y|=1$ 沿逆时针方向.

十七、设曲线积分 $\displaystyle\int_L xy^2\,\mathrm{d}x + y\varphi(x)\,\mathrm{d}y$ 与路径无关，其中 $\varphi(x)$ 具有连续导数，且 $\varphi(0)=0$，求 $\varphi(x)$，并求积分 $\displaystyle\int_{(0,0)}^{(1,1)} xy^2\,\mathrm{d}x + y\varphi(x)\,\mathrm{d}y$ 的值.

十八、求 $\displaystyle\int_L (y+2xy)\,\mathrm{d}x + (x^2+2x+y^2)\,\mathrm{d}y$，其中 L 是 $x^2+y^2=4x$ 的上半圆周由点 $A(4,0)$ 到点 $B(0,0)$ 的弧段.

十九、求 $\oint_L |y|\,\mathrm{d}x + |x|\,\mathrm{d}y$，其中 L 是以点 $A(1,0)$，$B(0,1)$，$C(-1,0)$ 为顶点的三角形的正向边界曲线.

二十、证明：$(3x^2 + 6xy^2)\mathrm{d}x + (6x^2y - 4y^3)\mathrm{d}y$ 在 xOy 面上是某一函数 $u(x,y)$ 的全微分，并求出一个 $u(x,y)$.

二十一、计算抛物线 $(x+y)^2 = ax(a>0)$ 与 x 轴所围成的面积.

二十二、设 $f(x)$ 在 $(-\infty, +\infty)$ 有连续导数,求 $\int_L \dfrac{1+y^2 f(xy)}{y}dx + \dfrac{x}{y^2}[y^2 f(xy) - 1]dy$,其中 L 是从点 $A(3, \dfrac{2}{3})$ 到点 $B(1,2)$ 的直线段.

对面积的曲面积分

一、计算下列曲面积分.

1. $\oiint_{\Sigma}(x^2+y^2)\mathrm{d}S$, $\Sigma: x^2+y^2+z^2=R^2$;

2. $\iint_{\Sigma}xyz\,\mathrm{d}S$, $\Sigma: x+y+z=1$ 在第一卦限部分;

3. $\oiint_{\Sigma}(x^2+y^2)\mathrm{d}S$, Σ：由 $z=\sqrt{x^2+y^2}$ 和 $z=1$ 所围成立体的表面；

4. $\iint_{\Sigma}(xy+yz+zx)\mathrm{d}S$, Σ：锥面 $z=\sqrt{x^2+y^2}$ 被柱面 $x^2+y^2=2ax(a>0)$ 所截下的那块曲面；

5. $\iint\limits_{\Sigma} 3z \, dS$, Σ: 抛物面 $z = 2 - (x^2 + y^2)$ 在 xOy 面上方的部分;

6. $\iint\limits_{\Sigma} xy \, dS$, Σ: 曲面 $z = x^2 + y^2 (0 \leqslant z \leqslant 1)$ 在第一卦限的部分.

二、求上半球壳 $x^2+y^2+z^2=a^2(z\geqslant 0)$ 的质量,此壳的面密度 $\rho=z$.

三、求均匀曲面 $z=\sqrt{a^2-x^2-y^2}$ 的形心坐标.

对坐标的曲面积分

一、把对坐标的曲面积分 $\iint\limits_{\Sigma} P(x,y,z)\mathrm{d}y\mathrm{d}z + Q(x,y,z)\mathrm{d}z\mathrm{d}x + R(x,y,z)\mathrm{d}x\mathrm{d}y$ 化为对面积的曲面积分.

1. Σ 为平面 $3x + 2y + 2\sqrt{3}z = 6$ 在第一卦限部分的上侧；

2. Σ 为球面 $x^2 + y^2 + z^2 = a^2$ 的内侧.

二、计算 $\oiint\limits_{\Sigma} f(x)\mathrm{d}y\mathrm{d}z + g(y)\mathrm{d}z\mathrm{d}x + h(z)\mathrm{d}x\mathrm{d}y$，其中 $f(x), g(y), h(z)$ 为连续函数，Σ 为直角平行六面体 $0 \leqslant x \leqslant a, 0 \leqslant y \leqslant b, 0 \leqslant z \leqslant c$ 的表面外侧.

三、计算 $\iint\limits_{\Sigma} xyz\,dx\,dy$,其中 Σ 为柱面 $x^2+z^2=R^2$ 在 $x\geqslant 0, y\geqslant 0$ 两卦限内被平面 $y=0$ 及 $y=h$ 所截部分的外侧.

四、求 $\oiint\limits_{\Sigma}(y-z)dy\,dz+(z-x)dz\,dx+(x-y)dx\,dy$,其中 Σ 为曲面 $z=\sqrt{x^2+y^2}$ 及平面 $z=h(h>0)$ 所围成的空间区域的整个边界曲面的外侧.

五、求 $\iint\limits_{\Sigma}[f(x,y,z)+x]dy\,dz+[2f(x,y,z)+y]dz\,dx+[f(x,y,z)+z]dx\,dy$,其中 $f(x,y,z)$ 为连续函数,Σ 为平面 $x-y+z=1$ 在第四卦限部分的上侧.

高斯公式、通量与散度

一、利用高斯公式计算曲面积分.

1. $\oiint\limits_{\Sigma} xy\,dydz + yz\,dzdx + zx\,dxdy$，其中 Σ 是由 $x=0, y=0, z=0, x+y+z=1$ 所围成的四面体的外侧表面；

2. $\oiint\limits_{\Sigma} (x-y+z)\,dydz + (y-z+x)\,dzdx + (z-x+y)\,dxdy$，$\Sigma : \dfrac{x^2}{a^2} + \dfrac{y^2}{b^2} + \dfrac{z^2}{c^2} = 1$ 外侧表面.

二、求向量 $\boldsymbol{r} = (x, y, z)$ 通过圆锥体 $z = 1 - \sqrt{x^2 + y^2}$ $(0 \leqslant z \leqslant 1)$ 全表面外侧的通量.

三、求 $\iint\limits_{\Sigma} x^3 \mathrm{d}y\mathrm{d}z + y^3 \mathrm{d}z\mathrm{d}x + z^3 \mathrm{d}x\mathrm{d}y$, $\Sigma : x^2 + y^2 + z^2 = a^2$ 的上半球面外侧.

四、求 $\iint\limits_{\Sigma} \dfrac{2}{a+y} f[(a+x)(a+y)^2]\mathrm{d}y\mathrm{d}z - \dfrac{1}{a+x} f[(a+x)(a+y)^2]\mathrm{d}z\mathrm{d}x + [(x^2+y^2)z + \dfrac{z^3}{3}]\mathrm{d}x\mathrm{d}y$,其中 Σ 为球面 $x^2+y^2+z^2=1$ 的下半部分的上侧,$a>1,f$ 可导.

五、求 $I = \iint\limits_{\Sigma} (z^2x + y\mathrm{e}^z)\mathrm{d}y\mathrm{d}z + x^2 y\mathrm{d}z\mathrm{d}x + (\sin^3 x + y^2 z)\mathrm{d}x\mathrm{d}y$,其中 Σ:下半球面 $z = -\sqrt{R^2-x^2-y^2}$ 的上侧.

六、计算 $\iint\limits_{\Sigma}(2x+z)\mathrm{d}y\mathrm{d}z+z\mathrm{d}x\mathrm{d}y$,其中 Σ 为有向曲面 $z=x^2+y^2(0\leqslant z\leqslant 1)$,其法向量与 z 轴正向的夹角为锐角.

七、求下列向量场的散度.

1. $\boldsymbol{A}=yz\boldsymbol{i}+xz\boldsymbol{j}+xy\boldsymbol{k}$;

2. $\boldsymbol{A}=\dfrac{1}{|\boldsymbol{r}|}\cdot\boldsymbol{r}$,其中 $\boldsymbol{r}=x\boldsymbol{i}+y\boldsymbol{j}+z\boldsymbol{k}$.

斯托克公式、环流量和旋度

一、利用斯托克公式计算曲线积分：$\oint_L (z-y)dx + (x-z)dy + (x-y)dz$，其中 L：$\begin{cases} x^2+y^2=1, \\ x-y+z=2, \end{cases}$ 从 z 轴正向往负向看，L 的方向是顺时针的.

二、求向量场 $\boldsymbol{A} = (2z-3y)\boldsymbol{i} + (3x-z)\boldsymbol{j} + (y-2x)\boldsymbol{k}$ 的旋度.

常数项级数

一、用定义或性质判别下列级数的敛散性.

1. $\sum_{n=2}^{\infty} \dfrac{2}{n^2-1}$;

2. $\sum_{n=1}^{\infty} (\sqrt{n+1} - \sqrt{n})$;

3. $\sum_{n=1}^{\infty} \left(\dfrac{3}{n^4} + \dfrac{2}{n}\right)$;

4. $\sum_{n=1}^{\infty} \dfrac{2^n + 3^n}{6^n}$;

5. $\sum_{n=1}^{\infty} \ln \dfrac{n}{2n+1}$;

6. $\sum_{n=1}^{\infty} \ln\left(1+\dfrac{1}{n}\right)$;

7. $\sum_{n=1}^{\infty} n\ln\left(1+\dfrac{1}{n}\right)$;

8. $\sum_{n=1}^{\infty} (\sqrt{n+2} - 2\sqrt{n+1} + \sqrt{n})$.

二、若级数 $\sum_{n=1}^{\infty} u_n$ 的部分和 $S_n = 3 - \frac{n}{2^n}$，求 u_n 和 $\sum_{n=1}^{\infty} u_n$.

三、将无限循环小数 $0.\dot{2} = 0.222\cdots$ 表示成无常级数，并进一步表示成整数的比值.

四、设级数 $\sum\limits_{n=1}^{\infty} u_n$ 收敛,证明:级数 $\sum\limits_{n=1}^{\infty} (u_n + u_{n+1})$ 也收敛.

五、设数列 $\{na_n\}$ 收敛,且级数 $\sum\limits_{n=0}^{\infty} a_n$ 收敛,证明:级数 $\sum\limits_{n=1}^{\infty} n(a_n - a_{n-1})$ 也收敛.

常数项级数的审敛法

一、用比较审敛法或极限审敛法判别下列级数的敛散性.

1. $\displaystyle\sum_{n=1}^{\infty} \frac{2}{3n^2+n+1}$;

2. $\displaystyle\sum_{n=1}^{\infty} \sin\frac{\pi}{3^n}$;

3. $\displaystyle\sum_{n=1}^{\infty} \frac{1}{n\sqrt[n]{n}}$;

4. $\displaystyle\sum_{n=1}^{\infty} \frac{n+1}{\sqrt[3]{n^7+2n}}$.

二、用比值审敛法或根值审敛法判别下列级数的敛散性.

1. $\displaystyle\sum_{n=1}^{\infty} \frac{n^5}{5^n}$;

2. $\displaystyle\sum_{n=1}^{\infty} \frac{a^n \cdot n!}{n^n}$;

3. $\sum_{n=1}^{\infty} \left(\dfrac{n^2+3}{3n^2+n}\right)^n$;

4. $\sum_{n=1}^{\infty} \left(\dfrac{b}{a_n}\right)^n$, 其中 $a_n \to a\,(n \to \infty)$.

三、判别下列级数是绝对收敛、条件收敛还是发散.

1. $\sum_{n=1}^{\infty} (-1)^{n-1} \dfrac{n}{n^2+1}$;

2. $\sum_{n=1}^{\infty} \dfrac{(-10)^n}{n!}$;

3. $\sum_{n=1}^{\infty} \dfrac{\sin 3n}{3^n}$;

4. $\sum_{n=1}^{\infty} a_n$, 其中 $a_1 = 2, a_{n+1} = \dfrac{3n+1}{2n+1} a_n$.

四、设级数 $\sum_{n=1}^{\infty} a_n$ 与 $\sum_{n=1}^{\infty} b_n$ 均收敛，且 $a_n \leqslant c_n \leqslant b_n (n = 1, 2, \cdots)$，证明：级数 $\sum_{n=1}^{\infty} c_n$ 也收敛．

五、证明：若级数 $\sum_{n=1}^{\infty} u_n^2$ 及 $\sum_{n=1}^{\infty} v_n^2$ 收敛，则级数 $\sum_{n=1}^{\infty} u_n v_n$，$\sum_{n=1}^{\infty} (u_n + v_n)^2$ 及 $\sum_{n=1}^{\infty} \dfrac{u_n}{n}$ 均收敛．

六、证明：$\lim\limits_{n\to\infty}\dfrac{b^{3n}}{n!a^n}=0.$

幂级数

一、求下列幂级数的收敛半径和收敛域.

1. $\sum_{n=1}^{\infty} \dfrac{(-2)^n x^n}{\sqrt[4]{n}}$;

2. $\sum_{n=1}^{\infty} \dfrac{2n-1}{4^n} x^{2n-2}$;

3. $\sum_{n=1}^{\infty} \dfrac{(4x+1)^n}{n^2}$;

4. $\sum_{n=2}^{\infty} \dfrac{x^n}{(\ln n)^n}$.

二、求和函数.

1. $\sum_{n=1}^{\infty} \dfrac{n(n+1)}{2} x^{n-1}$;

2. $\sum_{n=1}^{\infty} (-1)^{n-1} \dfrac{x^{2n}}{(2n-1) 3^{2n-1}}$;

3. $\sum_{n=1}^{\infty} n^2 x^{n-1}$,并求级数 $\sum_{n=1}^{\infty} \dfrac{n^2}{5^n}$ 之和.

三、求 $\sum_{n=0}^{\infty} (-1)^n \dfrac{(n^2-n+1)}{2^n}$ 之和.

四、设幂级数 $\sum_{n=0}^{\infty} a_n x^n$ 的收敛半径为 1,求幂级数 $\sum_{n=1}^{\infty} n a_n (x+1)^n$ 的收敛半径和收敛区间.

五、将下列函数展开成 x 的幂级数,并求展开式成立的区间.

1. $f(x) = \ln\dfrac{1+x}{1-x}$;

2. $f(x) = \arctan\dfrac{x}{3}$;

3. $\mathrm{ch}\,x = \dfrac{\mathrm{e}^x + \mathrm{e}^{-x}}{2}$.

六、将函数 $f(x) = \dfrac{x}{x^2 - 5x + 6}$ 展开成 $(x-5)$ 的幂级数.

幂级数

七、将函数 e^x 展开成 $(x-e)$ 的幂级数.

八、将函数 $f(x)=\dfrac{e^x}{1-x}$ 展开成 x 的幂级数,并求 $f^{(10)}(0)$ 的值.

九、求 $\displaystyle\int_0^{\frac{1}{2}}\dfrac{1}{1+x^4}dx$ 的近似值,误差不超过 10^{-4}.

傅立叶级数

一、设 $f(x) = \begin{cases} -1, & \pi \leqslant x < 0, \\ 1+x^2, & 0 \leqslant x < \pi. \end{cases}$ 求以 2π 为周期的 $f(x)$ 的傅立叶级数的和函数.

二、将 $f(x) = \begin{cases} 0, & -\pi \leqslant x < 0, \\ \mathrm{e}^x, & 0 \leqslant x < \pi \end{cases}$ 展开成傅立叶级数.

三、设 $f(x) = \dfrac{1}{4}\pi - \dfrac{1}{2}x$,其中 $0 \leqslant x \leqslant \pi$. 试将 $f(x)$ 分别展开成正弦级数和余弦级数,并求级数 $\sum\limits_{n=1}^{\infty} \dfrac{(-1)^{n+1}}{2n-1}$ 的值.

四、设函数 $f(x)$ 以 2π 为周期,证明:

1. 如果 $f(x-\pi) = -f(x)$,则 $f(x)$ 的傅立叶系数 $a_0 = 0, a_{2n} = 0, b_{2n} = 0 (n=1,2,\cdots)$.

2. 如果 $f(x-\pi) = f(x)$，则 $f(x)$ 的傅立叶系数 $a_{2n+1} = b_{2n+1} = 0 (n=0,1,2,\cdots)$.

五、将 $f(x) = 1 - x^2 \left(-\dfrac{1}{2} \leqslant x < \dfrac{1}{2}\right)$ 展开成傅立叶级数.

六、将函数 $f(x) = x^2 (0 \leqslant x \leqslant 2)$ 分别展开成正弦级数和余弦级数.

向量与矩阵的运算

一、填空题.

1. 设 $\boldsymbol{\alpha}_1=(3,-1,4),\boldsymbol{\alpha}_2=(2,0,1),\boldsymbol{\alpha}_3=(3,1,-1)$，则 $\boldsymbol{\alpha}_3=$ _____ $\boldsymbol{\alpha}_1+$ _____ $\boldsymbol{\alpha}_2$；

2. $\begin{bmatrix} a_{11} & a_{12} & a_{13} \\ a_{21} & a_{22} & a_{23} \\ a_{31} & a_{32} & a_{33} \end{bmatrix} \begin{bmatrix} \lambda_1 & 0 & 0 \\ 0 & \lambda_2 & 0 \\ 0 & 0 & \lambda_3 \end{bmatrix} = $ _____ .

3. $\begin{bmatrix} a_1 & 0 & 0 \\ b_1 & a_2 & 0 \\ c_1 & b_2 & a_3 \end{bmatrix} \begin{bmatrix} d_1 & e_1 & f_1 \\ 0 & d_2 & e_2 \\ 0 & 0 & d_3 \end{bmatrix} = $ _____ .

4. $\begin{bmatrix} a & b \\ c & d \end{bmatrix} \begin{bmatrix} d & -b \\ -c & a \end{bmatrix} = $ _____ .

二、选择题.

1. 设有矩阵 $\boldsymbol{A}_{3\times 2}, \boldsymbol{B}_{2\times 3}, \boldsymbol{C}_{3\times 3}$，则下列运算中可行的是（　　）；

A. $\boldsymbol{BC}$ B. $\boldsymbol{CB}$ C. $\boldsymbol{AC}$ D. $\boldsymbol{AB}+\boldsymbol{BC}$

2. 设 $\boldsymbol{A},\boldsymbol{B}$ 是 n 阶方阵，$\boldsymbol{E}$ 是 n 阶单位矩阵，下列运算正确的是（　　）．

A. $\boldsymbol{A}^2-\boldsymbol{B}^2=(\boldsymbol{A}+\boldsymbol{B})(\boldsymbol{A}-\boldsymbol{B})$ B. $\boldsymbol{A}^2-2\boldsymbol{AB}+\boldsymbol{B}^2=(\boldsymbol{A}-\boldsymbol{B})^2$

C. $\boldsymbol{A}^2-\boldsymbol{E}^2=(\boldsymbol{A}+\boldsymbol{E})(\boldsymbol{A}-\boldsymbol{E})$ D. $\boldsymbol{A}^2=\boldsymbol{E}$，则 $\boldsymbol{A}=\boldsymbol{E}$ 或 $\boldsymbol{A}=-\boldsymbol{E}$

三、计算下列矩阵乘积.

1. $\begin{bmatrix} 1 & 2 & 0 \\ 1 & -1 & 1 \end{bmatrix} \begin{bmatrix} 1 & 3 \\ 0 & 1 \\ 1 & -1 \end{bmatrix}$；

2. $\begin{bmatrix} 2 \\ 3 \\ 5 \end{bmatrix} \begin{bmatrix} a & b & c \end{bmatrix}$；

3. $\begin{bmatrix} x_1 & x_2 & x_3 \end{bmatrix} \begin{bmatrix} a_{11} & a_{12} & a_{13} \\ a_{12} & a_{22} & a_{23} \\ a_{13} & a_{23} & a_{33} \end{bmatrix} \begin{bmatrix} x_1 \\ x_2 \\ x_3 \end{bmatrix}$.

四、求与下列矩阵可交换的矩阵 B.

1. $A = \begin{bmatrix} 1 & 1 \\ 0 & 1 \end{bmatrix}$;

2. $A = \begin{bmatrix} a_1 & 0 & 0 \\ 0 & a_2 & 0 \\ 0 & 0 & a_3 \end{bmatrix}$,其中 a_1, a_2, a_3 互不相同.

五、求 A^n,n 为自然数.

1. $A = \begin{bmatrix} 2 \\ 3 \\ -1 \end{bmatrix} \begin{bmatrix} 1 & 1 & -1 \end{bmatrix}$;

2. $A = \begin{bmatrix} a & 1 & 0 \\ 0 & a & 1 \\ 0 & 0 & a \end{bmatrix}$;

3. $A = \begin{bmatrix} \cos t & \sin t \\ -\sin t & \cos t \end{bmatrix}$.

六、设 $A = \begin{bmatrix} 1 & 1 & 0 \\ 0 & 1 & 1 \\ 0 & 0 & 1 \end{bmatrix}$,$f(x) = x^3 - 3x^2 + 3x - 1$,计算 $f(A)$.

矩阵的运算

一、填空题.

1. 设 $\boldsymbol{\alpha} = [3\ 1\ -2]$,则 $\boldsymbol{\alpha\alpha}^{\mathrm{T}} = $ ___ , $\boldsymbol{\alpha}^{\mathrm{T}}\boldsymbol{\alpha} = $ ___ ;

2. 设 $\boldsymbol{A} = \begin{bmatrix} 2 & 1 & 0 \\ 1 & 0 & 3 \\ 0 & 2 & 1 \end{bmatrix}$,$\boldsymbol{B} = \begin{bmatrix} \boldsymbol{B}_1 \\ \boldsymbol{B}_2 \\ \boldsymbol{B}_3 \end{bmatrix}$ 为行分块矩阵,$\boldsymbol{C} = \boldsymbol{AB} = \begin{bmatrix} \boldsymbol{C}_1 \\ \boldsymbol{C}_2 \\ \boldsymbol{C}_3 \end{bmatrix}$,则 $\boldsymbol{C}_1 = $ ___ , $\boldsymbol{C}_2 = $ ___ , $\boldsymbol{C}_3 = $ ___ ;

3. 设 $\boldsymbol{A}, \boldsymbol{B}, \boldsymbol{C}, \boldsymbol{D}, \boldsymbol{F}$ 都是 n 阶方阵,满足 $\boldsymbol{AB} = \boldsymbol{E}_n$, $\boldsymbol{CD} = \boldsymbol{E}_n$,则分块阵乘积 $\begin{bmatrix} \boldsymbol{A} & \boldsymbol{0} \\ -\boldsymbol{CFA} & \boldsymbol{C} \end{bmatrix} \begin{bmatrix} \boldsymbol{B} & \boldsymbol{0} \\ \boldsymbol{F} & \boldsymbol{D} \end{bmatrix} = $ ___ ;

4. 设 $\boldsymbol{A} = \begin{bmatrix} 1 & -1 & 3 \\ 2 & 3 & 1 \\ 1 & 2 & 3 \end{bmatrix}$,$\boldsymbol{B} = \begin{bmatrix} 1 & -1 \\ 2 & 3 \\ -1 & 5 \end{bmatrix}$,$\boldsymbol{B}$ 的列分块阵 $\boldsymbol{B} = [\boldsymbol{\beta}_1\ \boldsymbol{\beta}_2]$,则 $\boldsymbol{AB} = $ ___ ,$[\boldsymbol{A\beta}_1\ \boldsymbol{A\beta}_2] = $ ___ ,

二、选择题.

1. 设矩阵 $\boldsymbol{A}$ 是 n 阶方阵,且 $\boldsymbol{A} \neq \boldsymbol{A}^{\mathrm{T}}$,下列矩阵中,( )不是对称矩阵;

A. $\boldsymbol{A} + \boldsymbol{A}^{\mathrm{T}}$ B. $\boldsymbol{A} - \boldsymbol{A}^{\mathrm{T}}$ C. $\boldsymbol{AA}^{\mathrm{T}}$ D. $\boldsymbol{A}^{\mathrm{T}}\boldsymbol{A}$

2. 若矩阵 $\boldsymbol{A}$ 满足 $\boldsymbol{A}^{\mathrm{T}} = -\boldsymbol{A}$,则称 $\boldsymbol{A}$ 为反对称矩阵. 下列矩阵中( )不是反对称矩阵;

A. $\begin{bmatrix} 0 & a_{12} & a_{13} \\ -a_{12} & 0 & a_{23} \\ -a_{13} & -a_{23} & 0 \end{bmatrix}$ B. $\begin{bmatrix} 0 & a_{12} \\ -a_{12} & 0 \end{bmatrix}^{\mathrm{T}} - \begin{bmatrix} 0 & a_{12} \\ -a_{12} & 0 \end{bmatrix}$

C. $\begin{bmatrix} 1 & 1 & 2 \\ -1 & 2 & 3 \\ -2 & -3 & 3 \end{bmatrix}$ D. $\begin{bmatrix} 1 & 1 & 2 \\ -1 & 2 & 3 \\ -2 & -3 & 3 \end{bmatrix}^{\mathrm{T}} - \begin{bmatrix} 1 & 1 & 2 \\ -1 & 2 & 3 \\ -2 & -3 & 3 \end{bmatrix}$

3. 设 $\boldsymbol{A}, \boldsymbol{B}$ 均为 3 阶矩阵,$\boldsymbol{A}, \boldsymbol{B}$ 的列分块矩阵分别为 $\boldsymbol{A} = [\boldsymbol{A}_1\ \boldsymbol{A}_2\ \boldsymbol{A}_3]$,$\boldsymbol{B} = [\boldsymbol{B}_1\ \boldsymbol{B}_2\ \boldsymbol{B}_3]$,$k$ 是一个常数,下列式子中( )不成立;

A. $\boldsymbol{AB} = [\boldsymbol{AB}_1\ \boldsymbol{AB}_2\ \boldsymbol{AB}_3]$ B. $\boldsymbol{AB} = [\boldsymbol{A}_1\boldsymbol{B}\ \boldsymbol{A}_2\boldsymbol{B}\ \boldsymbol{A}_3\boldsymbol{B}]$

C. $k\boldsymbol{A} = [k\boldsymbol{A}_1\ k\boldsymbol{A}_2\ k\boldsymbol{A}_3]$ D. $\boldsymbol{A} + \boldsymbol{B} = [\boldsymbol{A}_1 + \boldsymbol{B}_1\ \boldsymbol{A}_2 + \boldsymbol{B}_2\ \boldsymbol{A}_3 + \boldsymbol{B}_3]$

4. 设 $\boldsymbol{A}, \boldsymbol{B}, \boldsymbol{C}$ 都是 n 阶矩阵,则下列运算中不正确的是( ).

A. $[\boldsymbol{B}\ \boldsymbol{C}] \begin{bmatrix} \boldsymbol{A} \\ \boldsymbol{A} \end{bmatrix} = \boldsymbol{BA} + \boldsymbol{CA}$ B. $\boldsymbol{A}[\boldsymbol{B}\ \boldsymbol{C}] = [\boldsymbol{AB}\ \boldsymbol{AC}]$

C. $\begin{bmatrix} \boldsymbol{B} \\ \boldsymbol{C} \end{bmatrix} \boldsymbol{A} = \begin{bmatrix} \boldsymbol{AB} \\ \boldsymbol{AC} \end{bmatrix}$ D. $\begin{bmatrix} \boldsymbol{B} \\ \boldsymbol{C} \end{bmatrix} \boldsymbol{A} = \begin{bmatrix} \boldsymbol{BA} \\ \boldsymbol{CA} \end{bmatrix}$

三、设 A, B 是同阶对称矩阵，证明：AB 是对称矩阵的充要条件是 $AB = BA$.

四、设 A 是一个方阵，证明：$A + A^T$ 为对称矩阵，$A - A^T$ 为反对称矩阵，并将 A 表示为对称矩阵和反对称矩阵之和.

五、设 A 是 3 阶实数矩阵，$AA^T = 0$，证明：$A = 0$.

行列式的定义与性质

一、填空题.

1. $\tau(3,1,5,2,6,7,4) = $ _____ ;

2. $\begin{vmatrix} a_{11} & a_{12} & a_{13} \\ 0 & a_{22} & a_{23} \\ 0 & 0 & a_{33} \end{vmatrix} = $ _____ ;

3. $\begin{vmatrix} 0 & \cdots & 0 & a_{1n} \\ 0 & \cdots & a_{2,n-1} & 0 \\ \vdots & \vdots & \vdots & \vdots \\ a_{n1} & 0 & \cdots & 0 \end{vmatrix} = $ _____ ;

4. 方程 $\begin{vmatrix} \lambda & 0 & 2 \\ 0 & \lambda-1 & 0 \\ 2 & 0 & \lambda \end{vmatrix} = 0$ 的根为 _____ ;

5. 设 $D_1 = \begin{vmatrix} a_{11} & a_{12} & a_{13} \\ a_{21} & a_{22} & a_{23} \\ a_{31} & a_{32} & a_{33} \end{vmatrix} = 1$,则 $D_2 = \begin{vmatrix} 2a_{21} & 3a_{21}-5a_{22} & a_{23} \\ 2a_{11} & 3a_{11}-5a_{12} & a_{13} \\ 2a_{31} & 3a_{31}-5a_{32} & a_{33} \end{vmatrix} = $ _____ ;

6. 写出两个矩阵 $A = $ _____ ,$B = $ _____ ,使得 $|A| = |B|$,但 $A \neq B$.

二、选择题.

若 3 阶矩阵 A 的行列式 $|A| = 0$,则( ).

A. A 有一行为零
B. A 有两行成比例
C. $A = 0$
D. A 有一行是其余行的线性组合

三、计算下列排列的逆序数,并判断排列的奇偶性.

1. $2,4,6,8,7,5,3,1$;

2. $2n,2n-2,\cdots,4,2,2n-1,2n-3,\cdots,3,1$.

四、有时 n 阶排列也可以由其他 n 个不同的数构成. 设 $5,2,11,9,7,0$ 是 6 个不同的数构成的 6 阶排列,计算 $\tau(5,2,11,9,7,0)$.

五、设 $i_1, i_2, \cdots, i_n$ 是 $1, 2, \cdots, n$ 的一个排列，证明：$\tau(i_1, i_2, \cdots, i_n) + \tau(i_n, i_{n-1}, \cdots, i_1) = C_n^2$.

六、确定下列乘积是否为 5 阶行列式 $|A| = |a_{ij}|_5$ 的项？如果是，确定其应带的符号.

1. $a_{12}a_{34}a_{42}a_{55}a_{23}$；
2. $a_{31}a_{15}a_{43}a_{52}a_{24}$；
3. $a_{53}a_{31}a_{42}a_{14}a_{25}$.

七、利用行列式的定义计算.

1. $\begin{vmatrix} 5 & 2 & 0 \\ 2 & 3 & 5 \\ 4 & 3 & 1 \end{vmatrix}$；

2. $\begin{vmatrix} 1 & a & a^2 \\ 1 & b & b^2 \\ 1 & c & c^2 \end{vmatrix}$；

3. $\begin{vmatrix} a & 0 & 0 & b \\ b & a & 0 & 0 \\ 0 & b & a & 0 \\ 0 & 0 & b & a \end{vmatrix}$.

行列式的展开与计算

一、填空题.

1. 设 $A = \begin{bmatrix} a & b \\ c & d \end{bmatrix}$, 则 A 的伴随矩阵 $A^* = \underline{\qquad}$, $(A^*)^* = \underline{\qquad}$;

2. 设 $A = \begin{bmatrix} -1 & 2 & 3 \\ 0 & 1 & 2 \\ -1 & 1 & 1 \end{bmatrix}$, 则 A 的伴随矩阵 $A^* = \underline{\qquad}$;

3. 满足方程 $\begin{vmatrix} 1 & x & y & z \\ x & 1 & 0 & 0 \\ y & 0 & 1 & 0 \\ z & 0 & 0 & 1 \end{vmatrix} = 1$ 的实数 $x = \underline{\qquad}, y \underline{\qquad}, z = \underline{\qquad}$;

4. 设 $D = \begin{vmatrix} 5 & -4 & 3 \\ 6 & 2 & 0 \\ 3 & 4 & 2 \end{vmatrix}$, A_{21}, A_{22}, A_{23} 是 a_{21}, a_{22}, a_{23} 的代数余子式, 试用一个三阶行列式表示 $3A_{21} - 2A_{22} + 4A_{23} = \underline{\qquad}$;

5. 设 A, B 是两个 n 阶方阵, 满足条件: $AB = E, |A| = -5$, 则 $|B| = \underline{\qquad}$.

二、选择题.

1. 设 A 为三阶方阵, A^* 是 A 的伴随矩阵, 常数 $k \neq 0, k \neq \pm 1$, 则 $(kA)^* = (\quad)$;

A. $k^{-1}A^*$ B. kA^* C. $k^2 A^*$ D. $k^3 A^*$

2. 方程 $\begin{vmatrix} 1 & -1 & 1 & x-1 \\ 1 & -1 & x+1 & -1 \\ 1 & x-1 & 1 & -1 \\ x+1 & -1 & 1 & -1 \end{vmatrix} = 0$ 的根为 ( ).

A. $1, 0, 0, 0$ B. $-1, 0, 0, 0$
C. $-1, 1, 0, 0$ D. $0, 0, 0, 0$

三、利用行列式的性质计算.

1. $\begin{vmatrix} x & y & z \\ z & x & y \\ y & z & x \end{vmatrix}$;

2. $\begin{vmatrix} 118 & 18 & 28 \\ 111 & 11 & 21 \\ 94 & -6 & 4 \end{vmatrix}$;

3. $\begin{vmatrix} x_1 & a & a & a \\ a & x_2 & 0 & 0 \\ a & 0 & x_3 & 0 \\ a & 0 & 0 & x_4 \end{vmatrix}.$

四、证明：$\begin{vmatrix} a_1+b_1 & b_1+2c_1 & c_1+3a_1 \\ a_2+b_2 & b_2+2c_2 & c_2+3a_2 \\ a_3+b_3 & b_3+2c_3 & c_3+3a_3 \end{vmatrix} = 7 \begin{vmatrix} a_1 & b_1 & c_1 \\ a_2 & b_2 & c_2 \\ a_3 & b_3 & c_3 \end{vmatrix}.$

五、利用行列式的展开公式计算行列式.

1. $\begin{vmatrix} a & & & b \\ b & a & & \\ & \ddots & \ddots & \\ & & b & a \end{vmatrix}_n$ （空格处为 0）；

2. $\begin{vmatrix} a_{11} & 0 & 0 & 0 \\ a_{21} & a_{22} & 0 & 0 \\ a_{31} & a_{32} & a_{33} & a_{34} \\ a_{41} & a_{42} & a_{43} & a_{44} \end{vmatrix}.$

六、先化简再利用展开公式计算行列式.

1. $\begin{vmatrix} 1 & 0 & 2 & 1 \\ 2 & -1 & 1 & 0 \\ 1 & 0 & 0 & 3 \\ -1 & 0 & 2 & 1 \end{vmatrix}$;

2. $\begin{vmatrix} 3 & 2 & -2 & 4 \\ 2 & -1 & 3 & 6 \\ 2 & 0 & -4 & 7 \\ 5 & 6 & 1 & 0 \end{vmatrix}$;

3. $\begin{vmatrix} -x_1 & x_1 & 0 & \cdots & 0 \\ 0 & -x_2 & x_2 & \cdots & 0 \\ \vdots & \vdots & \vdots & & \vdots \\ 0 & 0 & 0 & \cdots & x_n \\ 1 & 1 & 1 & \cdots & 1 \end{vmatrix}_{n+1}$;

4. $\begin{vmatrix} 1 & 1 & 1 & 1 & 1 \\ a & b & c & d & x \\ a^2 & b^2 & c^2 & d^2 & x^2 \\ a^3 & b^3 & c^3 & d^3 & x^3 \\ a^4 & b^4 & c^4 & d^4 & x^4 \end{vmatrix}$;

5. $\begin{vmatrix} 5 & 3 & & & \\ 2 & 5 & \ddots & & \\ & \ddots & \ddots & 3 & \\ & & 2 & 5 \end{vmatrix}$;

6.（选作）$D = \begin{vmatrix} 1 & 1 & 1 & 1 \\ a & b & c & d \\ a^2 & b^2 & c^2 & d^2 \\ a^4 & b^4 & c^4 & d^4 \end{vmatrix}$ （提示：将第 4 题的行列式按第 5 列展开，然后比较两端 x^3 的系数）；

7.（选作）$D = \begin{vmatrix} x_1 & a & a & a \\ a & x_2 & a & a \\ a & a & x_3 & a \\ a & a & a & x_4 \end{vmatrix}$ $(x_i \neq a, i = 1, 2, 3, 4)$.

可逆矩阵、求逆矩阵

一、填空题.

1. $\begin{bmatrix} 3 & 0 & 0 \\ 0 & 2 & 0 \\ 0 & 0 & 1 \end{bmatrix}^{-1} = $ _____ ;

2. 设 A, B 都是 n 阶可逆矩阵, C 是 n 阶矩阵, X 是 n 阶未知矩阵, 则矩阵方程 $AXB = C$ 的解为 _____ , 试写出 $\begin{bmatrix} 0 & A \\ B & 0 \end{bmatrix}^{-1} = $ _____ ;

3. 设 $A = \begin{bmatrix} 0 & a & b \\ a & 0 & c \\ b & c & 0 \end{bmatrix} (a, b \neq 0)$, $B = \begin{bmatrix} 0 & 0 & 0 \\ 0 & k & 0 \\ 0 & 0 & l \end{bmatrix}$, 当 k, l 满足 _____ 时, $AB + E$ 可逆;

4. 设 A, B, C, D 都是 n 阶可逆矩阵, 则 $(AB^2C^3D^4)^{-1} = $ _____ ;

5. 设 $A = \dfrac{1}{3}\begin{bmatrix} 2 & 1 & 2 \\ 2 & -2 & -1 \\ 1 & 2 & -2 \end{bmatrix}$, 则 $AA^T = $ _____ , $A^{-1} = $ _____ ; 已知 $|A| > 0$, $|A| = $ _____ .

二、选择题.

1. 设 A, B 是两个 $n(n>1)$ 阶方阵, 则以下结论中不正确的是( ) ;

A. $|A+B|$ 不一定等于 $|A|+|B|$ B. $|AB| = |A||B|$

C. $|AB| = |BA|$ D. $|AB| = |B||A|$

2. 设 A 是 $n(n>2)$ 阶方阵, k 为常数. 若 $|A| = a$, 则 $|kAA^T| = ($) ;

A. ka^2 B. $k^2 a^2$ C. $k^n a^2$ D. 不能确定

3. 设 A, B, C 均是 n 阶方阵, 且 $ABC = E$, 则有( ).

A. $BCA = E$ B. $BAC = E$ C. $CBA = E$ D. $ACB = E$

三、1. 设 A^* 是 n 阶矩阵 A 的伴随矩阵, 若 $|A| \neq 0$, 证明: $|A^*| \neq 0$, $|A^*| = |A|^{n-1}$;

2. 如果 $|A| = 5$, 计算 $|2(A^*)^{-1}|$.

四、求下列矩阵的逆矩阵.

1. $\begin{bmatrix} a & b \\ c & d \end{bmatrix}$, $ad - bc \neq 0$;

2. $\begin{bmatrix} 0 & 1 & 2 \\ 0 & 3 & 4 \\ 5 & 0 & 0 \end{bmatrix}$;

3. $\begin{bmatrix} 1 & 1 & 2 & 3 \\ 0 & 1 & 1 & 2 \\ 0 & 0 & 1 & 1 \\ 0 & 0 & 0 & 1 \end{bmatrix}.$

五、解矩阵方程 $2AX - B = 3X$，其中 $A = \begin{bmatrix} -2 & 0 \\ 0 & 3 \end{bmatrix}$, $B = \begin{bmatrix} 2 & 3 \\ 4 & 5 \end{bmatrix}.$

六、若 n 阶矩阵 A 满足 $A^n = 0$，证明：$E - A$ 可逆，并求 $(E - A)^{-1}$.

七、设 A 是 n 阶可逆的对称矩阵，证明：A^{-1} 也是对称矩阵.

八、(选作) 设 A, B, $A + B$ 都可逆，证明：$C = A^{-1} + B^{-1}$ 可逆.

逆矩阵的求法

一、填空题.

1. 如果矩阵 A 满足 $A^2 = A$，且 A 可逆，则 $A = $ _____ ；

2. n 阶初等阵乘积 $P(i,j(k))P(i,j(-k)) = $ _____ .

二、求下列矩阵的逆矩阵.

1. $\begin{bmatrix} 1 & -1 & 3 \\ 2 & -1 & 4 \\ -1 & 2 & -4 \end{bmatrix}$；

2. $\begin{bmatrix} 1 & 1 & 1 & 1 \\ 1 & -1 & 1 & -1 \\ 1 & 1 & -1 & -1 \\ 1 & -1 & -1 & 1 \end{bmatrix}$.

三、解下列矩阵方程.

1. $\begin{bmatrix} 1 & 2 & 0 \\ 2 & 1 & 4 \\ 0 & -1 & 1 \end{bmatrix} X = \begin{bmatrix} 1 & 0 & 0 \\ 0 & 1 & 0 \\ 0 & 0 & 1 \end{bmatrix}$；

2. $X \begin{bmatrix} 1 & 2 & 0 \\ 2 & 1 & 4 \\ 0 & -1 & 1 \end{bmatrix} = \begin{bmatrix} 1 & 0 & 2 \\ 3 & -1 & 4 \\ 1 & 5 & 0 \end{bmatrix}$；

3. $\begin{bmatrix} 1 & 2 & 0 \\ 2 & 1 & 4 \\ 0 & -1 & 1 \end{bmatrix} X \begin{bmatrix} 1 & -2 \\ -1 & 3 \end{bmatrix} = \begin{bmatrix} 3 & 1 \\ -1 & 2 \\ 2 & 5 \end{bmatrix}$.

四、设 $A = \begin{bmatrix} 1 & -1 & 0 \\ 0 & 1 & -1 \\ 0 & 0 & 1 \end{bmatrix}$, $B = \begin{bmatrix} 2 & 1 & 3 \\ 0 & 2 & 1 \\ 0 & 0 & 2 \end{bmatrix}$, $A^T(BA^{-1}-E)^T X = B^T$, 求 X.

五、设 A, B 均为 n 阶方阵.

1. A, B 满足 $A+B+AB=0$. 证明 $E+A, E+B$ 互为逆阵, 并且 $AB=BA$;

2. 若 B 可逆, 且满足 $A^2+AB+B^2=0$. 证明: A 与 $A+B$ 都是可逆矩阵.

六、(选作) 设 $n(n>2)$ 阶非零实数矩阵 A 满足: $A^* = A^T$, 试证: $|A|=1$, 且 A 是正交矩阵, 即 $A^T A = AA^T = E$.

线性方程组的消元法

一、填空题.

1. 假设 t 个向量 $\boldsymbol{\eta}_1, \boldsymbol{\eta}_2, \cdots, \boldsymbol{\eta}_t$ 都是非齐次线性方程组 $\boldsymbol{AX}=\boldsymbol{\beta}$ 的解,且数 $k_1, k_2, \cdots, k_t$ 满足 $\sum_{i=1}^{t} k_i = 1$,则向量 $\sum_{i=1}^{t} k_i \boldsymbol{\eta}_i$ 是方程组_____的解;

2. 假设两个向量 $\boldsymbol{\eta}_1, \boldsymbol{\eta}_2$ 都是线性方程组 $\boldsymbol{AX}=\boldsymbol{\beta}$ 的解,则向量 $\boldsymbol{\eta}_1 - \boldsymbol{\eta}_2$ 是方程组_____的解,向量 $\boldsymbol{\eta}_1 + \boldsymbol{\eta}_2$ 是方程组_____的解;

3. 当 $a=$_____时, $\boldsymbol{\alpha}_1 = (a, 1, 1), \boldsymbol{\alpha}_2 = (1, a, 1), \boldsymbol{\alpha}_3 = (1, 1, a)$ 线性相关.

二、选择题.

1. 在非齐次线性方程组 $\boldsymbol{AX}=\boldsymbol{\beta}$ 中,方程个数少于未知量个数,则(　　);

A. $\boldsymbol{AX}=\boldsymbol{\beta}$ 必有无穷多解　　　　B. $\boldsymbol{AX}=\boldsymbol{\beta}$ 有唯一解

C. $\boldsymbol{AX}=\boldsymbol{0}$ 有无穷多解　　　　　　D. $\boldsymbol{AX}=\boldsymbol{0}$ 仅有零解

2. 设 $\boldsymbol{A\eta}_j = \boldsymbol{\beta}(j=1,2), \boldsymbol{\beta} \neq \boldsymbol{0}$,则(　　);

A. $\boldsymbol{\eta}_1 - \boldsymbol{\eta}_2$ 是 $\boldsymbol{AX}=\boldsymbol{\beta}$ 的解　　　B. $\boldsymbol{\eta}_1 - \boldsymbol{\eta}_2$ 是 $\boldsymbol{AX}=\boldsymbol{0}$ 的解

C. $\boldsymbol{\eta}_1 - \boldsymbol{\eta}_2$ 不是 $\boldsymbol{AX}=\boldsymbol{0}$ 的解　　D. $\boldsymbol{\eta}_1 + k(\boldsymbol{\eta}_1 - \boldsymbol{\eta}_2)$ 不是 $\boldsymbol{AX}=\boldsymbol{\beta}$ 的解

3. 向量组 $\boldsymbol{\alpha}_1, \boldsymbol{\alpha}_2, \cdots, \boldsymbol{\alpha}_s (s>2)$（Ⅰ）线性无关的充分必要条件是(　　).

A. （Ⅰ）中不含零向量

B. （Ⅰ）中任何 $s-1$ 个向量都线性无关

C. （Ⅰ）中有一个向量不能由其余向量线性表示

D. （Ⅰ）中任何向量都不能由其余向量线性表示

三、用消元法解线性方程组.

1. $\begin{cases} x_1+x_2+x_3=0, \\ 2x_1-5x_2-3x_3=10, \\ 4x_1+8x_2+2x_3=4; \end{cases}$
2. $\begin{cases} x_1+x_2+x_3=0, \\ 2x_1+3x_2+x_3=0, \\ x_1+3x_2-x_3=0; \end{cases}$

3. $\begin{cases} 2x_1 - 2x_2 + 5x_3 = 1, \\ x_1 + x_3 = 14, \\ -x_1 - 4x_2 - x_3 = 20, \\ 2x_1 + 2x_2 - 3x_3 = 0. \end{cases}$

四、设 $\boldsymbol{\alpha}_1 = (1,2,3), \boldsymbol{\alpha}_2 = (0,1,4), \boldsymbol{\alpha}_3 = (1,3,7), \boldsymbol{\beta} = (-1,1,\lambda)$,问 λ 为何值时,$\boldsymbol{\beta}$ 可由 $\boldsymbol{\alpha}_1, \boldsymbol{\alpha}_2, \boldsymbol{\alpha}_3$ 线性表出? 当 $\boldsymbol{\beta}$ 可由 $\boldsymbol{\alpha}_1, \boldsymbol{\alpha}_2, \boldsymbol{\alpha}_3$ 线性表出时,将 $\boldsymbol{\beta}$ 表示为 $\boldsymbol{\alpha}_1, \boldsymbol{\alpha}_2, \boldsymbol{\alpha}_3$ 线性组合.

五、设 $\boldsymbol{\beta} = \boldsymbol{\alpha}_1 + 2\boldsymbol{\alpha}_2 - 3\boldsymbol{\alpha}_3$,又有 $\boldsymbol{\beta} = 2\boldsymbol{\alpha}_1 + 3\boldsymbol{\alpha}_2 + 7\boldsymbol{\alpha}_3$,证明:向量组 $\boldsymbol{\alpha}_1, \boldsymbol{\alpha}_2, \boldsymbol{\alpha}_3$ 线性相关.

向量组的秩

一、填空题.

1. 设向量组 $\alpha_1, \alpha_2, \cdots, \alpha_s$ 线性无关，$\alpha_1, \alpha_2, \cdots, \alpha_s, \beta$ 线性相关，则秩$\{\alpha_1, \alpha_2, \cdots, \alpha_s\}$ _____ 秩$\{\alpha_1, \alpha_2, \cdots, \alpha_s, \beta\}$；

2. 设向量组 $\alpha_1, \alpha_2, \cdots, \alpha_s$ (1) 的秩为 r，向量 β 可由(1)线性表出，则秩$\{\alpha_1, \alpha_2, \cdots, \alpha_s, \beta\}$ = _____；

3. 设 $\alpha_i = (1 \quad \lambda_i \quad \lambda_i^2 \quad \cdots \quad \lambda_i^{n-1})^T$，$i = 1, 2, \cdots, r$，其中 $\lambda_1, \lambda_2, \cdots, \lambda_r$ 是互不相同的 r 个数，则向量组 $\alpha_1, \alpha_2, \cdots, \alpha_r$ 当 $r > n$ 时线性_____，当 $r = n$ 时线性_____，当 $r < n$ 时线性_____.

二、选择题.

1. 设三个 n 维向量 $\alpha, \beta, \gamma, \alpha$ 与 β, β 与 γ, α 与 γ 都线性无关，则向量组 α, β, γ 满足(　　)；

A. 秩$\{\alpha, \beta, \gamma\} = 1$　　　　　　B. 秩$\{\alpha, \beta, \gamma\} = 2$

C. 秩$\{\alpha, \beta, \gamma\} = 3$　　　　　　D. 以上结论都不正确

2. 设 A, B 是两个三阶可逆矩阵，则下列结论中不正确的是(　　).

A. A, B 不一定等价　　　　　　B. A, B 必定等价

C. A, B 的行向量组等价　　　　D. A, B 的列向量组等价

三、设 $\alpha_1, \alpha_2, \alpha_3$ 线性相关，$\alpha_2, \alpha_3, \alpha_4$ 线性无关，证明：

1. $\alpha_2 + \alpha_3, \alpha_3 - \alpha_4, \alpha_4 - \alpha_2$ 线性无关，$\alpha_2 + \alpha_3, \alpha_3 + \alpha_4, \alpha_4 + \alpha_2$ 线性无关；

2. α_1 能由 α_2, α_3 线性表出.

四、求向量组的秩与极大线性无关组.

1. $\boldsymbol{\alpha}_1=(1,-2,-1-1), \boldsymbol{\alpha}_2=(2,-1,0,-2), \boldsymbol{\alpha}_3=(-2,-5,-4,3), \boldsymbol{\alpha}_4=(1,1,1,-2)$;

2. $\boldsymbol{\alpha}_1=\begin{bmatrix}2\\-1\\0\\5\end{bmatrix}, \boldsymbol{\alpha}_2=\begin{bmatrix}-4\\-2\\3\\0\end{bmatrix}, \boldsymbol{\alpha}_3=\begin{bmatrix}-1\\0\\1\\k\end{bmatrix}, \boldsymbol{\alpha}_4=\begin{bmatrix}-1\\0\\2\\1\end{bmatrix}.$

五、设 A 是 n 阶矩阵,若存在正整数 k 使得线性方程组 $A^k x=0$ 有解向量 $\boldsymbol{\alpha}$,且 $A^{k-1}\boldsymbol{\alpha}\neq 0$. 证明:向量组 $\boldsymbol{\alpha}, A\boldsymbol{\alpha}, \cdots, A^{k-1}\boldsymbol{\alpha}$ 线性无关.

矩阵的秩

一、填空题.

1. 设 A 为 $n(n>1)$ 阶矩阵，A^* 是其伴随矩阵，当 $r_A < n-1$ 时，A^* _____；

2. 写出一个秩为 2 的三阶矩阵 $A =$ _____，秩$(A^*) =$ _____；

3. 设 A 是 3×4 矩阵，AA^T 是_____阶对称矩阵，$|A^T A| =$ _____.

二、计算下列矩阵的秩.

1. $\begin{bmatrix} 2 & 0 & 3 & -1 & 2 \\ 3 & 1 & 4 & -2 & 1 \\ 1 & -1 & 2 & 0 & 1 \end{bmatrix}$;

2. $\begin{bmatrix} 1 & 2 & 4 \\ 2 & a & 1 \\ 1 & 1 & 0 \end{bmatrix}$;

3. $\begin{bmatrix} 1 & 0 & 2 & 3 & 1 \\ -1 & 3 & 1 & 0 & -2 \\ 2 & 1 & 5 & 7 & 2 \\ 4 & 2 & 10 & 14 & 0 \end{bmatrix}.$

三、设 A, B 都是 $s \times n$ 矩阵，证明：$\text{rank}(A+B) \leqslant \text{rank}A + \text{rank}B$.

四、设 A 为 3 阶矩阵，$\alpha_1, \alpha_2, \alpha_3$ 为 3 维列向量组，秩$(\alpha_1, \alpha_2, \alpha_3) < 3$，证明：秩$(A\alpha_1, A\alpha_2, A\alpha_3) < 3$.

五、设 A 是 n 阶矩阵，利用上题的结论.

1. 证明：$n \leqslant \text{rank}(A+E) + \text{rank}(A-E)$；

2. 若 $A^2 = E$，证明：$\text{rank}(A+E) + \text{rank}(A-E) = n$.

齐次线性方程组求解

一、填空题.

1. 设 A 是秩为 r 的 $s \times n$ 矩阵,$\xi_1, \xi_2, \cdots, \xi_{n-r}$ 是 $AX=0$ 的一个基础解系,n 维列向量 ξ 不是 $AX=0$ 的解,则秩$(\xi_1, \xi_2, \cdots, \xi_{n-r}, \xi) = $ _____ ;

2. 设 A, B 都是 n 阶矩阵,齐次线性方程组 $AX=0$ 的解都是 $BX=0$ 的解,则 r_A _____ r_B.

二、选择题.

1. 若 X_1, X_2, X_3 是齐次线性方程组 $AX=0$ 的基础解系,当( )时,向量组 $kX_1 + X_2 + X_3, X_1 + kX_2 + X_3, X_1 + X_2 + kX_3$ 是 $AX=0$ 的基础解系;

A. $k \neq 1$ 且 $k \neq -2$ B. $k = 1$

C. $k \neq -2$ D. $k \neq 1$

2. 设 A, B 皆为 n 阶矩阵,且 $AB = 0$,则( ).

A. $r(A) + r(B) \leq n$ B. $r(A) + r(B) < n$

C. $r(A) = 0$ 或 $r(B) = 0$ D. $r(A) + r(B) > n$

三、 设 A 是秩为 n 的 $s \times n$ 矩阵,$AB = AC$,证明:$B = C$.

四、 设 $AX = 0$,系数矩阵 A 可经一系列初等行变换化为

$$B = \begin{bmatrix} 1 & 1 & 1 & 1 & 1 & 1 \\ 0 & 0 & 2 & 3 & 1 & 2 \\ 0 & 0 & 0 & 0 & a & 0 \end{bmatrix},$$

试写出 $AX=0$ 的基础解系.

五、求下列齐次线性方程组的一个基础解系及通解.

1. $\begin{cases} x_1+2x_2+x_3+2x_4=0, \\ x_2+x_3-x_4=0, \\ x_1-2x_2-3x_3+2x_4=0; \end{cases}$

2. $\begin{cases} 5x_1+6x_2-2x_3+7x_4+4x_5=0, \\ 2x_1+3x_2-x_3+4x_4+2x_5=0, \\ 7x_1+9x_2-3x_3+5x_4+6x_5=0, \\ 5x_1+9x_2-3x_3+x_4+6x_5=0. \end{cases}$

六、设 A 为 $n(n>1)$ 阶矩阵，A^* 是 A 的伴随矩阵，试证：

$$r_{A^*}=\begin{cases} n, & \text{当 } r_A=n \text{ 时,} \\ 1, & \text{当 } r_A=n-1 \text{ 时,} \\ 0, & \text{当 } r_A<n-1 \text{ 时.} \end{cases}$$

非齐次线性方程组求解

一、填空题.

1. 设 A 是 n 阶方阵,则 $AX = \beta (\beta \neq 0)$ 有无穷多解或无解的充分必要条件是_____;

2. 设 X_1, X_2 都是线性方程组 $AX = \beta (\beta \neq 0)$ 的解,则 $X_1 - X_2$ 是_____的解,$X_2 + k(X_1 - X_2)$ 是_____的解.

二、选择题.

1. 设 A 是 n 阶方阵,则非齐次线性方程组 $AX = \beta$ 有无穷多解的充分必要条件是( );

A. $|A| = 0$ B. $AX = 0$ 有非零解

C. 秩 $A =$ 秩 $(A, \beta) = n$ D. 秩 $A =$ 秩 $(A, \beta) < n$

2. 设 A 是 $s \times n$ 矩阵,秩 $A = s$,则线性方程组 $AX = \beta$ 一定( );

A. 有唯一解   B. 有无穷多解

C. 有解   D. 无解

3. 设 $A = [\alpha_1 \ \alpha_2 \ \alpha_3]$ 是秩为 2 的三阶矩阵,A^* 是 A 的伴随矩阵,对任意常数 k, l, m,则( )不一定是齐次线性方程组 $A^* X = 0$ 的通解.

A. $k\alpha_1 + l\alpha_2$ B. $k\alpha_1 + l\alpha_2 + m\alpha_3$

C. $k\alpha_1 + l\alpha_2 - m\alpha_3$ D. $k\alpha_1 - l\alpha_2 + m\alpha_3$

三、解下列线性方程组.

1. 设非齐次线性方程组 $AX = \beta$ 的增广矩阵 $\tilde{A} = (A, \beta)$ 经初等行变换化为 $\tilde{B} = \begin{bmatrix} 1 & 2 & -1 & 2 & 5 \\ 0 & 0 & 0 & a-1 & b \\ 0 & 0 & 0 & 0 & 0 \end{bmatrix}$;

2. $\begin{cases} x_1 + x_2 + 2x_3 = 3, \\ -x_1 + 2x_2 + x_3 = 0, \\ x_2 + x_3 = 1; \end{cases}$

3. $\begin{cases} x_1 + 3x_2 + x_3 = 0, \\ 3x_1 + 2x_2 + 3x_3 = -1, \\ -x_1 + 4x_2 + ax_3 = b; \end{cases}$

4. λ 为何值时,方程组 $\begin{cases} \lambda x_1 + x_2 + x_3 = 1, \\ x_1 + \lambda x_2 + x_3 = \lambda, \\ x_1 + x_2 + \lambda x_3 = \lambda^2 \end{cases}$ 有解?有解时,求出通解.

四、设 X_1, X_2, X_3 是 n 元线性方程组 $AX = \beta(\beta \neq 0)$ 的线性无关的解,$r_A = n-2$,试求 $AX = 0$ 的一个基础解系,并求 $AX = \beta$ 的通解.

五、设 X_0 是线性方程组 $AX = \beta(\beta \neq 0)$ 的一个解,X_1, X_2 是其导出组 $AX = 0$ 的一个基础解系,令 $\eta_0 = X_0, \eta_1 = X_0 + X_1, \eta_2 = X_0 + X_2$.

1. 求 $\text{rank}A$;

2. 证明:方程组 $AX = \beta$ 的任意一个解可表示为 $\sum\limits_{j=0}^{2} k_j \eta_j$,其中 $\sum\limits_{j=0}^{2} k_j = 1$.

特征值与特征向量

一、选择题.

1. 设 $A = \begin{bmatrix} 2 & 3 \\ 5 & -1 \end{bmatrix}$,则矩阵 A 的特征矩阵为(　　);

A. $\begin{bmatrix} \lambda-2 & -3 \\ -5 & \lambda+1 \end{bmatrix}$ 　　　　　　 B. $\begin{bmatrix} \lambda-2 & 3 \\ -5 & \lambda-1 \end{bmatrix}$

C. $\begin{bmatrix} \lambda+2 & -3 \\ 5 & \lambda-1 \end{bmatrix}$ 　　　　　　 D. $\begin{bmatrix} \lambda+2 & -3 \\ 5 & \lambda+1 \end{bmatrix}$

2. 设 $A = \begin{bmatrix} 1 & 0 & 0 & 0 \\ 3 & 2 & 0 & 0 \\ 0 & 0 & 1 & -5 \\ 0 & 0 & 0 & 1 \end{bmatrix}$,则 A 的特征值为(　　);

A. 1(四重)　　　　　　　　　　 B. 1(三重),2(一重)

C. 2(二重),3(二重)　　　　　　 D. 1(二重),2,3(一重)

3. 已知 $A = \begin{bmatrix} 2 & -1 & 2 \\ 5 & -3 & 3 \\ -1 & 0 & -2 \end{bmatrix}$ 的一个特征值是 -1,则对应于 -1 的全部特征向量是(　　);

A. $k \begin{bmatrix} 1 \\ -1 \\ 2 \end{bmatrix}$ $(k \neq 0)$ 　　　　　 B. $k_1 \begin{bmatrix} 2 \\ 0 \\ -1 \end{bmatrix} + k_2 \begin{bmatrix} 1 \\ -1 \\ 2 \end{bmatrix}$ $(k_1, k_2$ 不全为零$)$

C. $k \begin{bmatrix} -1 \\ -1 \\ 1 \end{bmatrix}$ $(k \neq 0)$ 　　　　 D. $k_1 \begin{bmatrix} 2 \\ 0 \\ -1 \end{bmatrix} + k_2 \begin{bmatrix} 1 \\ -1 \\ 2 \end{bmatrix}$ $(k_1, k_2$ 全不为零$)$

4. 下列各命题中,正确的是(　　).

A. 不同的矩阵必有不同的特征多项式

B. 若 A 与 B 有相同的特征值,则它们对应的特征向量必相同

C. 若 0 是矩阵 A 的特征值,则与它对应的特征向量必为零向量

D. 矩阵 A 的属于不同特征值的特征向量线性无关

二、求下列矩阵的特征值、特征向量.

1. $A = \begin{bmatrix} 3 & -1 & 1 \\ 2 & 0 & 1 \\ 1 & -1 & 2 \end{bmatrix}$;　　　　　　 2. $A = \begin{bmatrix} 3 & 3 & 2 \\ 1 & 1 & -2 \\ -3 & -1 & 0 \end{bmatrix}$;

3. $A = \begin{bmatrix} 1 & 1 & 1 & 1 \\ 1 & 1 & -1 & -1 \\ 1 & -1 & 1 & -1 \\ 1 & -1 & -1 & 1 \end{bmatrix}$.

三、求 $A = \begin{bmatrix} -3 & -1 & 2 \\ 0 & -1 & 4 \\ -1 & 0 & 1 \end{bmatrix}$ 的实特征值和对应的特征向量.

四、设 $\lambda = 2$ 是可逆矩阵 A 的特征值,求矩阵 $I - \left(\dfrac{1}{2}A^3\right)^{-1}$ 的一个特征值,其中 I 是与矩阵 A 同阶的单位矩阵.

五、若 $A^2 - 2A = 8I$,证明:A 的特征值只有 4 和 -2.

矩阵的相似性

一、选择题.

1. 设 n 阶矩阵 A 与 B 的特征多项式相等,则下列结论中正确的是(　　);

A. A 与 B 相似　　　　　　　　　　B. A^2 与 B^2 相似

C. $|A|=|B|$　　　　　　　　　　　　D. 以上结论全错

2. 已知 $A=\begin{bmatrix} -1 & 0 & 0 \\ 0 & 2 & 0 \\ 0 & 0 & y \end{bmatrix}$ 与 $B=\begin{bmatrix} -2 & 0 & 0 \\ 2 & x & 2 \\ 3 & 1 & 1 \end{bmatrix}$ 相似,则 x,y 分别为(　　);

A. $0,1$　　　　　B. $0,-2$　　　　　C. $-2,1$　　　　　D. $1,-1$

3. 设有矩阵 $A=\begin{bmatrix} 1 & 1 & 0 \\ 0 & 0 & 1 \\ 0 & 0 & 0 \end{bmatrix}, B=\begin{bmatrix} 1 & 1 & 1 \\ 0 & 0 & 1 \\ 0 & 0 & 0 \end{bmatrix}, C=\begin{bmatrix} 1 & 1 & 0 \\ 0 & 0 & 0 \\ 0 & 0 & 0 \end{bmatrix}$,则有(　　).

A. $A \sim B$　　　　　　　　　　　　B. $A \sim C$

C. $B \sim C$　　　　　　　　　　　　D. 以上结论均不正确

二、下列矩阵哪些能对角化? 若能, 则求出可逆矩阵 P, 使 $P^{-1}AP$ 为对角阵.

1. $A=\begin{bmatrix} 0 & 2 & 0 \\ 0 & 0 & 2 \\ 0 & 0 & 0 \end{bmatrix}$;

2. $A=\begin{bmatrix} -1 & 5 & -1 \\ 0 & 2 & 1 \\ 0 & 0 & -1 \end{bmatrix}$;

3. $A=\begin{bmatrix} -1 & 3 & -1 \\ -3 & 5 & -1 \\ -3 & 3 & 1 \end{bmatrix}$;

4. $A=\begin{bmatrix} 1 & 1 & -1 & -1 \\ 1 & -1 & 1 & -1 \\ -1 & 1 & 1 & -1 \\ -1 & -1 & -1 & -1 \end{bmatrix}$.

三、设三阶方阵 A 满足 $AX_i = iX_i (i=1,2,3)$，其中列向量 X_i 分别为 $X_1 = \begin{bmatrix} 1 \\ 2 \\ 2 \end{bmatrix}, X_2 = \begin{bmatrix} 2 \\ -2 \\ 1 \end{bmatrix},$
$X_3 = \begin{bmatrix} -2 \\ -1 \\ 2 \end{bmatrix}$，求矩阵 A.

四、设 $A = \begin{bmatrix} 3 & 2 & -2 \\ -k & -1 & k \\ 4 & 2 & -3 \end{bmatrix}$.

1. 求 k，使 A 相似于对角阵；

2. 求可逆阵 P，使 $P^{-1}AP$ 为对角阵.

五、设 n 阶矩阵 A 与 B 相似，证明：存在满秩矩阵 Q 和另一矩阵 R，使得 $A = QR$，$B = RQ$.

实对称阵的对角化

一、用施密特正交化方法将向量组 $\boldsymbol{\alpha}_1 = \begin{bmatrix} 1 \\ 1 \\ 0 \\ 0 \end{bmatrix}, \boldsymbol{\alpha}_2 = \begin{bmatrix} 1 \\ 0 \\ 1 \\ 0 \end{bmatrix}, \boldsymbol{\alpha}_3 = \begin{bmatrix} 1 \\ 1 \\ 0 \\ 0 \end{bmatrix}$ 正交、单位化.

二、在列向量空间 R^3 中,求单位向量 $\boldsymbol{X}$,使与向量 $\begin{bmatrix} 1 \\ 2 \\ -1 \end{bmatrix}, \begin{bmatrix} 2 \\ 3 \\ 4 \end{bmatrix}$ 都正交.

三、求正交矩阵 $\boldsymbol{Q}$,使 $\boldsymbol{Q}^{-1}\boldsymbol{AQ}$ 为对角阵.

1. $\boldsymbol{A} = \begin{bmatrix} -4 & 2 & 2 \\ 2 & -4 & 2 \\ 2 & 2 & -4 \end{bmatrix}$;

2. $\boldsymbol{A} = \begin{bmatrix} 3 & 0 & 2 \\ 0 & 3 & -2 \\ 2 & -2 & 5 \end{bmatrix}$;

3. $A = \begin{bmatrix} -2 & 1 & 1 & 1 \\ 1 & -2 & 1 & 1 \\ 1 & 1 & -2 & 1 \\ 1 & 1 & 1 & -2 \end{bmatrix}.$

四、设 A，B 为实对称阵，证明：存在正交阵 P，使 $P^{-1}AP = B$ 的充分必要条件是 A，B 有相同的特征值.

五、设三阶实对称阵 A 的特征值为 $\lambda_1 = -1$，$\lambda_2 = \lambda_3 = 1$，对应于 $\lambda_1 = -1$ 的特征向量 $X_1 = \begin{bmatrix} 0 \\ 1 \\ 1 \end{bmatrix}$，求矩阵 A.

二次型的基本概念

一、如果二次型 X^TAX 与 X^TBX 相等，A,B 不一定是对称矩阵，问矩阵 A 与 B 是否相等？举例说明理由。

二、试问：X^TX 是否为二次型？（其中 $X = \begin{bmatrix} x_1 \\ x_2 \\ \vdots \\ x_n \end{bmatrix}$）若是，则写出其矩阵；若不是，则说明理由.

三、写出下列二次型的矩阵，且将其表成矩阵形式，并求它们的秩.
1. $f(x_1,x_2,x_3)=x_1^2+4x_1x_2+4x_2^2+2x_1x_3+5x_3^2+8x_2x_3$；

2. $f(x_1,x_2,x_3,x_4)=x_1x_4+2x_3x_4+4x_2x_3+6x_2x_4$.

四、写出下列矩阵所对应的二次型.

1. $\begin{bmatrix} 1 & 2 & 0 \\ 2 & 3 & \frac{5}{2} \\ 0 & \frac{5}{2} & -1 \end{bmatrix}$;

2. $\dfrac{1}{2}\begin{bmatrix} 0 & 1 & 1 & 1 \\ 1 & 0 & 1 & 1 \\ 1 & 1 & 0 & 1 \\ 1 & 1 & 1 & 0 \end{bmatrix}$.

五、填空题.

1. 二次型 $f(x_1,x_2,x_3)=x_1x_2+x_1x_3-3x_2x_3$ 经过满秩线性变换 $\begin{cases} x_1=y_1+y_2+3y_3, \\ x_2=y_1-y_2-y_3, \\ x_3=y_3 \end{cases}$，所得的标准形为_____；

2. A,B 均为 n 阶方阵，且 $A\cong B$（即 A 与 B 合同），秩$(A)=r$，则秩$(B)=$_____.

化二次型为标准形

一、分别用配方法和初等变换化下列二次型为标准形,并写出所用的可逆(满秩)线性变换(注:标准形和所用的矩阵不唯一).

1. $f(x_1,x_2,x_3)=x_1^2+5x_1x_2-4x_2x_3$;

2. $f(x_1,x_2,x_3)=2x_1^2+5x_2^2+5x_3^2+4x_1x_2-4x_1x_3$;

3. $f(x_1,x_2,x_3)=x_1x_2-4x_2x_3$.

化二次型为标准形

学院_____ 姓名_____ 学号_____ 教师_____

二、用正交变换化下列二次型为标准形，并写出所用的正交变换．

1. $f(x_1,x_2)=x_1^2+x_2^2+4x_1x_2$；

2. $f(x_1,x_2,x_3)=x_1^2+x_2^2+x_3^2+4x_1x_2-2x_2x_3$；

3. 已知实二次型 $f(x_1,x_2,x_3)=2x_1^2+3x_2^2+3x_3^2+2ax_2x_3(a>0)$ 可经过正交变换化为标准形 $f=y_1^2+2y_2^2+5y_3^2$，求参数 a 的值．

正定二次型与正定矩阵

一、选择题.

1. 当 t 满足（　　）时，$f(x_1,x_2,x_3)=2x_1^2+x_2^2+x_3^2+2x_1x_2+tx_2x_3$ 是正定的；

A. $-2<t<2$ B. $-\sqrt{2}<t<2$

C. $-2<t<\sqrt{2}$ D. $-\sqrt{2}<t<\sqrt{2}$

2. 当 a,b,c 满足（　　）时，$f(x_1,x_2,x_3)=ax_1^2+bx_2^2+ax_3^2+2cx_1x_3$ 是正定的；

A. $a>0, b>0$ B. $a>0$ 且 $b+c>0$

C. $a>|c|$ 且 $b>0$ D. $|a|>c$ 且 $b>0$

3. 下列二次型中正定的是（　　）.

A. $f(x_1,x_2,x_3)=x_1^2+6x_1x_3+x_2^2-4x_2x_3+8x_3^2$

B. $f(x_1,x_2,x_3)=x_1^2+3x_2^2$

C. $f(x_1,x_2,x_3)=x_1^2+2x_1x_2+4x_1x_3+2x_2^2+6x_2x_3+4x_3^2$

D. $f(x_1,x_2,x_3)=x_1^2+x_2^2+x_3^2+x_1x_2+x_1x_3+x_2x_3$

二、证明以下各题.

1. 设 A,B 为 n 阶正定矩阵，证明：$A+B$ 也是正定矩阵；

2. 设 A 为正定矩阵，证明：A^{-1},A^* 也是正定矩阵；

3. 设 A 既是正定矩阵,又是正交矩阵,证明:A 一定是单位矩阵;

4. 已知 A 是实反对称矩阵,证明:$I - A^2$ 为正定矩阵,其中 I 是与 A 同阶的单位矩阵.

三、 已知实二次型 $f(x_1, x_2) = x_1^2 + 2x_2^2 + 4x_1 x_2$,求当 $x_1^2 + x_2^2 = 1$ 时的最大值与最小值,并由此判断该二次型不是正定的.